凯蒂·奎恩·戴维斯

原本是一位平面设计师，

然后在2009年，

她将她全部的创造力倾注在了美食摄影上，

于是她的博客“凯蒂吃什么”诞生了。

她在澳大利亚、美国和欧洲国家拥有一大批追随者，

这成了一个互联网奇迹。

她在悉尼的工作室为顶尖的美食生活类杂志拍摄

广告以及各类硬照，

闲暇之余，凯蒂喜好下厨，

会常常在她的网站上更新四季食谱。

摄影师的餐桌

凯蒂的食谱

及其饮食生活的点点滴滴

凯蒂·奎恩·戴维斯 Katie Quinn Davies 著/摄影
陈珊珊 译

浙江出版联合集团
浙江科学技术出版社

AFFECTIONATELY DEDICATED
TO
MICK
x
my soulmate
I love you
thank you
for
always be ing there

CONTENTS

Katie Quinn Davies

序

我在都柏林出生、长大。小时候，我特别喜欢家里烹饪的家常美食，尽管我30岁才开始真正自己下厨［在我6岁的时候，有一档周六晨间的烹饪节目，我会起得比谁都早，然后把电视调到Delia Smith（英国著名的电视烹饪栏目主持人）的频道，用储藏室里的食材学着她的样子做饭，把厨房弄得一团糟］。我10岁的时候，觉得世间最美味的，莫过于嘴巴里塞满甜的东西，然后用我最爱的可乐味道的Slush puppy（一种汽水）冲下去。我家并不存在那种民间烹饪高手，虽然我的母亲是个烘焙高手，为大型聚会准备餐点似乎从来都是信手拈来、不费力气，但是如果只给她一根香肠或是一块牛排，她可以轻易地把它们煎成一块焦炭。

我二十几岁的时候，大部分时间都在都柏林做平面设计师。当时，爱尔兰正处在经济繁荣的阶段，是从事创意产业的好时期，我很喜欢我的工作。在这期间，我遇到了我的澳洲籍丈夫Mick。2006年我们搬去了墨尔本，我在那里的一家知名工作室担任设计总监的工作。大概就在这段时间里，经历了10年成功设计师生涯的我，尽管对所有与设计有关的东西还是很热爱，但已经开始考虑我是否还应该按照这条路走下去。每天我极不情愿地继续为工作而忙碌，心里却始终觉得肯定有某些更好的选择在等着我，但令我泄气的是，那个时候我还不能够确定那到底是什么。

接着，2009年，在我父亲去世20周年后，我母亲也在还算是年轻的55岁去世了。她罹患阿尔茨海默病（老年痴呆症）多年。我在澳洲生活的这段时间里，母亲人生的最后阶段都由我留在都柏林的姐姐Julie照顾。母亲的去世，致使我最终决定重新安排自己的职业生涯，而她和父亲留给我的遗产也使我能够幸运地脱离设计工作，可以有足够的时间思考自己应该做点什么。

机缘巧合之下，那之后的几个月当中我所接触的每件事情都几乎与食物有关，这成了激发我开始新事业的动力。一开始，我决心成为澳洲最棒的杯子蛋糕烘焙师，开个自己的杯子蛋糕店。经过整整一周连续不间断的杯子蛋糕制作之后，我彻底受不了了，吃那么多的奶油糖霜让我恶心到想吐。然后，我想成为澳洲最顶尖的糖霜饼干烘焙人。我动用了部分的财产来购买裱花嘴和其他装备，并花了整整两周的时间在里面，几乎将整个人都泡在了各种鲜亮色彩的糖霜里。（当然，如果你要问怎样才能在饼干上裱上完美的糖霜，好，我来告诉你，那根本是不可能的！）接着，马卡龙。呃……天哪，为什么？！在跟马卡龙较劲的这段时间里，Mick每天下班回家都能看到我在一堆堆在厨房角落里的杏仁粉和蛋白糖饼前落泪。经过14次的失败尝试，我终于做成功了，但我觉得马卡龙还是交给Laduree (法国最知名的甜点店，以马卡龙闻名世界)吧！这是我对我一生中地狱般一周的唯一心得。

所有这些失败的经历让我十分沮丧。在一个周日的晚上，我正在给Mick做饭，突然灵光闪现：我为何不把我的设计专长和食物结合起来，成为一个美食造型师和摄影师？我热爱摄影，原本在艺术学校就学过，后来当设计师的时候也有大量的工作是需要处理照片的。同时，我也完全被美食造型艺术给迷住了。值得一提的是，我原来在都柏林一起工作的一位摄影师朋友，John Jordan，就和一位美食摄影师合用一个工作室——那时候我的注意力就全部被造型师为拍照精心准备食物的过程所吸引。虽然我很清楚，在33岁的时候作为一个美食摄影师重新开始职业生涯意味着将会有一场艰苦的战斗随之而来，但我准备好了！

有了这个新的目标之后，我给自己配备了一部好相机，报名参加了一个业余的数码摄影课程，开始在家烹饪，给食物造型，然后拍照。很快，我就领教了美食摄影中的艰难之处。首先就是你要按照10倍的数量购买你拍照所需的食材，这样才能从中挑选出完美之作。（17个冷汉堡，有谁要吃么？）事实上，我在书上看到过，汉堡、三明治和冰激凌是最难拍摄成功的三样东西。于是我就竭尽全力来对付它们，在拍摄的过程中不厌其烦地一遍遍调整来达到最佳效果。当我得知Getty图片社想买40张我的照片的时候，我想我是真的可以胜任这个工作了。在接下来的9个月中，我继续不断地烹饪并拍摄，反复练习。我失败了许多次，但也从中学到了很多。今天我掌握的一切技巧，都是因为犯了错误后学习着如何修正，尽管很多时候要尝试很多次才能得到想要的效果。

在我专注于个人风格打造的同时，我也知道我需要丰富我摄影师的资历来获得更多的受众。我的摄影导师Mark Boyle建议我开个自己的博客，并将其作为一种在线资料库。一开始，我不太接受这种方式，我总觉得博客只适合那些作家，但当他建议我把博客命名为"Katie吃什么"的时候，我被说服了。我小时候读过一本叫作《Katy做什么》的书，它的内容非常打动我。于是我开始尝试写我的博客，每天贴出我的工作照片并且配一些简短的文字。几周后，我感觉有点白痴，写博客就好像在和自己讲话，于是我停止了更新。十多个月后，我收到了一封来自博客读者的邮件，问我为什么不更新博客了，她很想念我的烹饪冒险之旅。我又感动又惊讶，后来无论拍摄间隙时间是否充足，我都要挤时间来更新博客。

现在Mick和我移居澳洲，我开始专职做美食摄影师。我博客的粉丝数量开始增长，我为每一篇博客设计自己的食谱。也正是这个时候，有人提供了将我的博客出版成书的机会。当然，我不会放过这个好机会。一想到博客上一些我喜欢的食谱会被永久地记录下来，还能展示新的照片和食谱，我就兴奋不已。我自己的烹饪书！原来谁想过会有这样的事发生呢？

~~~~~~

我给我的烹饪风格设定为时令简单风。我不是一个训练有素的厨师，我只是一个热爱烹饪，并且享受烹饪过程带来的快乐的普通人。我喜欢在厨房里试验我的新配方，往里面添这个加那个，将各种食材配对组合。（我想我的烹饪技能比6岁的时候好一点吧！）这本书里的很多食谱也来自于我的丈夫Mick，他是一位出色的厨师；还有些食谱来自于他的父母，神奇的Bob和Sheila（是的，他们都是澳洲人，这些都是他们的本名）！
~~~~~~

EOS

我热爱在星期六晚上和朋友们聚餐，大家一起分享美食、美酒和音乐，我的很多食谱都是在如此放松的心态下写出来的。有些属于快手菜，有些则需要比较长的准备时间，但大多数你可以提前几个小时准备好（甚至是前一天晚上准备好），这让你能有更多的时间和朋友在一起。实际上，我的爱好之一就是悠闲地准备食物——我发现这能使我最大限度地放松下来。我愿意全身心地投入其中，经常会花一整天的时间待在厨房为一场晚宴准备所有的东西。我还特别热衷于做餐前小点，尽管我知道我也许是个少数派（大多数人宁愿去拔牙也不愿意准备50人份的小点，不过我喜欢）！

我喜欢去餐厅吃饭，当我吃到觉得特别对口的餐点，我就会想方设法在家里复制它。我会猜里面用了什么食材，有时也许会综合两三个餐点里我喜欢的材料来做出一个新的。总的来说，我不喜欢把下厨当作一件很严肃的事情，这个思想也反映在我美食的设计制作上。如果我烤的派中间塌陷了，我会即兴发挥，在中间堆一些稍稍烤过的香草，这使它看起来有一种粗犷的美感——当然吃起来也还是非常美味。如果我想吃米其林星级水平的美食，我会去高级餐厅享受资深厨师令人赞不绝口的厨艺。在家，我则喜欢更质朴和接地气的东西。

我钟爱沙拉，但这并不意味着我爱吃“兔子食物”。（真的，谁能忍受只有一大堆生菜、黄瓜和番茄？）我为自己想出的提升上班族沙拉口感的方法感到骄傲，因为你不会觉得是在吃草，而是会享受这种美味且健康的食物。这也不是什么革新，只是这些年来，我发现往沙拉里放上一些烤过的坚果或者种子可以使它的味道变得更加丰富美味。稍微烤过的南瓜子是增添味觉层次感和趣味感的最佳选择，就像葵花子和鼠尾草子一样，同时也营养丰富。刨一些奶酪在沙拉里也能给沙拉增加浓烈的风味，从而掩盖住那些平淡无奇的味道。沙拉的滋味完全可以是丰富多变的。大多数晚上我都会来一份沙拉，配一块上好的牛排、鱼肉或者是散养鸡胸肉。

我用了一整年的时间编写这本书，这对我来说是一个奇妙的经历。整个过程有很多乐趣，当然也有很多艰辛，有大量的工作需要完成：写作、烹饪、造型、拍摄，完全靠一己之力完成一本美食书的设计几乎将我（还有和我一起分享这段经历的Mick）耗尽。但无论何时，当我觉得我已经到达极限的时候，我就会打开我的博客，读者的评论给了我极大的鼓励（比如“翘首期待书的出版哦！”），正是这些不可思议的激励使我继续下去。我希望大家通过这本书，都能和我一起享受烹饪和品尝美食的乐趣。

作为一个三十多岁才开始烹饪旅程的人，我在很短的时间里学了很多东西，同时也犯了很多错误！这里是一些我整理出来的厨房智慧集锦，一些能使你的厨房工作变得更简单的提示和小技巧。

事先烘烤迷你塔或者派的酥皮

我喜欢自己制作小点心，其中一种我的特制点心就是用迷你玛芬模子制作超级迷你派。在经过许多烦琐的实验，并错误地试图在每个小模子里都用衬纸和重物压制的方法制作酥皮之后，我找到了一个简易的方法——将两个模子套起来就能够做出形状完美的酥皮来。将擀过的酥皮饼放进小模具中，小心地用杵（如果你有的话）的圆端或者用手指轻轻将酥皮饼塞入模具。拿出第二个模具，将它反过来，在底部涂上油，然后用力按到第一个模具上。瞧，它们已经准备好进冰箱冷冻并且进烤箱烘焙啦。你要准备足够多的迷你玛芬模具（假如说做24个酥皮，你得要有4只12孔的迷你玛芬模具，除非你想分批烘烤），它们也不是很贵，并且在你烤大量玛芬的时候还能派得上用场。

巧克力

如果在烹饪中要用到巧克力，我通常会用至少60%～70%浓度的可可块（我最喜欢的牌子是Valrhona法芙娜）。它可以使成品口味浓厚但不会过于甜腻。如果你用平底锅隔水融化巧克力，注意不要让水沸腾了。如果巧克力过热，它就会分离开来，那么你就得重新再来一遍，这真的是很痛苦的事儿，而且会增加成本哦！要耐心一点，慢慢来，结果不会让你的努力白费的。

切洋葱

关于剥洋葱皮并且切块，可不要像我婆婆那样，为了不“哗哗”地流眼泪，夸张地戴一副有厚玻璃的焊工眼镜（真的就是这个样子的）。你只要在切洋葱之前把手腕放在水龙头下冲几秒钟，并在切的过程中让手腕保持湿润就行了。另外，还可以嚼一颗口香糖，真的有用的哦！

烹饪里的酒

我喜欢在烹饪的时候放些酒，尤其是在做甜的东西的时候，酒真的能使口味变得更加丰富。由于我酷爱榛子，我会经常用Frangelico（榛子酒），但实际上你可以放任何你喜欢的口味的酒——Amaretto（意大利杏仁酒）、Kahlua（墨西哥咖啡酒）、Baileys Irish Cream（百利甜酒），什么都行。如果你不想你的食物里含有酒精，也可以用牛奶替代。

柠檬和青柠汁

我在烹饪的时候会大量使用柑橘类果汁，因为它们会增加新鲜的口感和扑鼻的香气。我发现在挤柠檬汁之前，如果你把柠檬或者青柠用微波炉加热1分钟左右，然后把它们放在砧板上用手掌滚动，你可以挤出更多的汁来。如果你做烤肉类（包括鸡肉或者鱼肉）的话，就把柠檬或者青柠切两半，把切口朝下放在户外烤炉上烤1~2分钟的样子，然后在烤肉的时候挤到肉或者鱼上。多切几块烤一烤，和烤好的肉类一起上桌，它们不但超级多汁而且看起来也很美。

蛋黄酱（美奶滋）

在做蛋黄酱时，我从来不用特级初榨橄榄油——我不喜欢它在蛋黄酱里过分浓烈的味道。我用非常淡的橄榄油，或者是把菜籽油和淡橄榄油混合起来用。除此之外，也不要用特级初榨橄榄油来烹饪，因为它烟点很低，太容易油温过热。用淡的或者普通的橄榄油、菜籽油或者米糠油来烹饪，昂贵的特级初榨橄榄油更适合用来做沙拉酱汁或者蘸料。

蛋白酥

为确保每一次的蛋白酥都能够完美，可以在开始前用半个柠檬擦拭用来打发蛋白的碗，为的是去除碗里的油渍。蛋白在室温条件下会表现得更好，所以在烹饪前就要把鸡蛋从冰箱里拿出来并且分离好蛋白蛋黄（如果条件允许，可以在前一天晚上拿出来分好并盖上，放在台子上）。

补救做坏的甘纳许

我热爱做得完美的甘纳许——不但喜欢它奇妙的口感，也爱它难以言表的光泽。我做过一些，并且搞砸过（主要是我真的很糟蹋巧克力）。如果你的甘纳许“裂”了（也就是油水分离了），用手持搅拌器搅拌，它就会立刻复原。说起预防措施，我发现如果把鲜奶油混合进冷巧克力，然后在搅拌前将混合物静置5分钟，那裂开的可能性几乎为零。

瓶罐消毒

果酱保存前要消毒瓶罐。找来一只大的平底锅或者汤锅把水煮开。检查你的罐子和瓶子里面有没有缺口或者裂纹，然后拧开盖子。把罐子、瓶子和盖子放到沸水里，要让它们完全浸没，在水里煮上10分钟。小心地将这些东西从水里捞出来倒扣在干净的纸巾上。用漏斗或者勺子将果酱填满瓶子和罐子，在顶部留1厘米的间隙。用干净的布擦瓶子的边缘，然后盖紧盖子。

用散养的肉类和鸡蛋

你可能会在我的书里注意到我曾经提到过建议用散养的鸡蛋或者是肉类。我坚决认为我们应该尽量保证我们吃的动物在它们活着的时候遭受到最少的痛苦。我建议选择本地的屠宰场，因为他们会选择本地的规模较小的农场，而这些农场一般会更人性化地对待这些动物。

我的厨房必备神器有：

樱桃去核器——给水果去核儿是最辛苦的工作之一！这个小东西却可以在几秒钟内解决，也可以用来给橄榄去核。

手持搅拌器——我有一个Bamix，特别好用。我主要用它来做蛋黄酱，它只需要10秒钟的时间。

厨师机——厨师机的好处简直说不完，反正这个投资不会让你后悔的。

本书所有方子都是用带风机的烤箱做的。如果用的是传统的烤箱，你需要将烘烤温度提高大约20℃，但请记住，烹制时间也将随之变化。

CHAPTER №. 1

BREAKFASTS

早餐

Jusfrute
FRUIT DRINKS

香蕉草莓生姜奶昔

Banana, Strawberry and GINGER smoothies

早餐一般都会喝奶昔。如果可以，我喜欢用新鲜的浆果，比如草莓、树莓和蓝莓，因为它们富含对人体有益的抗氧化物质。但是，浆果在不当季的时候会非常昂贵，所以我一般手上有什么水果就会用什么，奶昔是消耗果篮里快熟透的水果的好办法。如果有的话，还可以在奶昔里加个桃子或者油桃，它们和草莓还有生姜都很搭。

2杯（500毫升）牛奶
⅓杯（95克）天然酸奶
3个香蕉，切段
1小把草莓，洗净去蒂
1段2厘米厚的生姜，去皮磨成泥
1大匙蜂蜜
1小把冰块（额外提供，可选）

3～4人份，大约1升

将所有的材料放进搅拌机搅拌至顺滑，放进冰过的杯子里。可根据需要加冰。

DRINK
HARSHBARGER
MILK

这个自制茄汁焗豆非常容易制作且非常美味，它完全可以替代糖或者是含盐的罐头焗豆。如果你愿意，可以省去里面的意式培根，这样就成了一道素食。这个豆子配上撒了黑胡椒的溏心荷包蛋和一大杯热早茶，会棒得不得了。

自制茄汁焗豆

HOMEMADE Baked Beans on toast

2大匙橄榄油
1个洋葱，切细碎
海盐和现磨黑胡椒
2个蒜瓣，压碎
175克意式培根，去除多余的肥肉，切成1厘米见方的小丁
3枝百里香，留叶子
2听400克的切块番茄罐头
1根红辣椒，切成薄片
1大匙棕色沙司，比如HP酱
1大匙美式伍斯特酱油
1茶匙第戎芥末
1茶匙辣英式芥末酱
2罐400克的白腰豆，冲洗后沥干
4～6片厚切脆皮面包／欧包
切碎的扁叶欧芹，最后撒上

4～6人份

在厚底煎锅或者明火用炖锅里放入1大匙橄榄油加热。加入洋葱，用少许盐调味，中火加热5分钟。加入蒜瓣，再煮5分钟，中间偶尔搅拌一下。

同时，在小煎锅里用中火加热剩下的橄榄油，加入培根炒至金黄焦脆。

将炒好的培根同百里香叶、番茄、辣椒、沙司酱汁和芥末一起放入煮好的洋葱里。煨20分钟，然后将火关小，搅拌进白腰豆。熬煮10分钟后，加入盐和胡椒调味，再煮10分钟。

将面包烤一下，在每只盘子里放一片，上面淋上煮好的豆子，再撒一些欧芹即可。

我超爱可丽饼。我小时候会在放学之后做可丽饼，想试着练就完美的翻面技术。比起早餐菜单上常见的厚松饼，我更喜欢这种薄饼，因为它们吃起来肚子感觉不会太撑。如果血橙和血柚不当季的话，用普通的橙子和葡萄柚也是可以的。

No. 23

糖渍柑橘佐白脱奶可丽饼

BUTTERMILK Crepes with Citrus Compote

1杯（150克）普通面粉
1杯（150克）全麦面粉
4个散养鸡蛋
2杯半（625毫升）牛奶
1杯半（375毫升）白脱奶
海盐（随意）
黄油或芥花籽油喷雾，煎饼时用
1杯（360克）蜂蜜
2小枝迷迭香
法式酸奶油（佐食用）

糖渍柑橘
6个大血橙
3个血柚
2大匙细砂糖
1小把薄荷叶

4～6人份

做糖渍柑橘。首先要把果肉分格切出。将橙子两头切掉，然后放在砧板上，用小尖刀由上而下将橙子皮连同下面的白色瓣膜去除。把水果放在手里，下面放一只碗接漏下的果汁，小心地将每一瓣果肉从隔膜上切出，让果肉落入碗里，要确保果肉里没有任何白色筋络组织或者果核。按此法处理剩下的橙子和葡萄柚。

中火将平底锅加热，将果肉果汁和1大匙糖倒入后充分混合。煮3~4分钟直至果肉变软，倒入放着滤网的碗里。把果肉保留着放在一边，然后将滤过的果汁倒回煎锅里。加入剩下的糖，用中火加热12~15分钟直至减少至2/3的量，果汁变成浓稠糖浆状。将糖浆倒在保留着的果肉上，混入薄荷叶，放置一边备用。

翻页继续

No. 24

糖渍柑橘 佐 白脱奶可丽饼

BUTTERMILK Crepes with Citrus Compote continued...

用烤箱的最低温度预热。

将面粉过筛，加入全麦粉，在粉中间挖一个坑洞，打入鸡蛋。将牛奶和白脱奶用叉子混匀后，用打蛋器一边慢慢混合面粉和鸡蛋，一边慢慢加入牛奶混合液，直到混合面糊成为稀薄顺滑的奶油状。如果你喜欢的话，这个时候可以加入少许盐。

高火加热一个专用薄饼盘（我的是18厘米直径的），放一小块黄油，等它融化。另外，喷洒一些芥花籽油等它热。舀一小勺（大约半杯，120毫升）面糊放入锅里，缓缓转动锅子让面饼变成薄薄均匀的一层。加热1分钟，用铲刀或者刮刀将可丽饼翻面。另一面也加热1分钟，直到边缘变成褐色并且焦脆（我发现烘第二面的时间要比第一面稍微久一点）。将做好的饼放在盘子里，并用同样的方法把剩下的面糊做完。注意做余下的饼的时候，记住把前面做好的放在烤箱里保温，所有面糊大约可以做16个饼。

同时，将蜂蜜和迷迭香放入一个小锅里，加热至快沸腾时立刻转中小火继续加热大约6分钟，让蜂蜜和迷迭香味道更融合。注意不要让蜂蜜沸腾，否则很容易煮焦。然后倒入罐盅里。

在盘子里放一块温热的可丽饼，在半边放上1大匙糖渍柑橘，然后放上厚厚1茶匙的法式酸奶油。将薄饼的另一半折起盖住内馅，再折一下以1/4状呈现。用同样方法再做2个（最好3个一盘），最后淋上迷迭香蜂蜜即可。

摄影工作往往意味着早起赶工，因此我就得在我经常去买糕点的那个咖啡店随意抓个面包了事。这些自制的玛芬非常棒，不仅健康，而且可以一次做很多，在密封容器里能保存一周的时间。或者，你可以把它们带去公司，然后成为年度最佳员工的候选人。我喜欢苹果和草莓的组合，杏仁在软糯的水果里增加了一种美妙的酥脆口感。如果当季的话，再来点蓝莓或者黑莓就更棒了。

莓果杏仁早餐玛芬

Strawberry, APPLE and almond breakfast muffins

1¼杯（185克）自发粉
65克杏仁粉
130克细砂糖
2茶匙泡打粉
1茶匙半肉桂粉
半个柠檬的皮，磨碎
1撮细盐
2茶匙香草精
120克无盐黄油，融化后冷却
2个散养鸡蛋，轻轻打散
1个苹果，削皮，去核，切成小丁
6个大草莓，去蒂，切成4瓣
50克杏仁片
1～2大勺黄糖（红糖）

12人份

烤箱开风机预热至180℃。

在12孔（一孔半杯的量）的标准玛芬模子里垫上纸杯或者小的圆形烘焙油纸。

在碗里将自发粉、杏仁粉、细砂糖、泡打粉、肉桂粉、柠檬皮和盐混合好，另将香草精、融化的黄油、打好的鸡蛋和3/4杯（180毫升）温水混合好。将液体混合物加入粉状混合物中，用木勺拌匀，然后加入苹果，轻轻搅拌均匀。将面糊舀入模子里，到模子的3/4处即可。

每个玛芬上放2个草莓块，撒上杏仁片和黄糖。放入烤箱烤制25~30分钟，待牙签插进后可以干净地拿出就表明做好了。

土豆火腿辣椒焗蛋

Baked eggs with POTATO, prosciutto and chilli

我在最近几年的博客里贴过几个焗蛋的方子，都很受欢迎（在我家尤其受到推崇，Mick几乎每个周日早午餐都点名要吃这个）。我在2011年去美国的时候想出这个方子，是威尼斯海滩的小店里那些令人赞叹的五颜六色的土豆给了我灵感。如果没有新鲜的墨西哥辣椒，你可以从食品专卖店里买到罐装腌辣椒，或者你可以用新鲜的红椒替代。

4人份

6个土豆，不去皮，洗净
1茶匙细盐
1大匙橄榄油
12片帕尔玛意大利生火腿或者西班牙塞拉诺火腿
2杯（500毫升）鲜奶油
1杯（120克）磨碎的陈年切达奶酪，再另外准备一点儿作为最后撒在表面的装饰
海盐和现磨黑胡椒
1根墨西哥辣椒或者长红椒，去籽，撕成薄条
4个大号散养蛋
1把香葱，剪成小段

烤箱开风机预热至180℃。

取大炖锅，倒半锅水，放入土豆和盐。煮开之后转中火煨20分钟，直至土豆煮透。沥水并稍微放凉，切成薄片。

在煎锅里将橄榄油加热，分批将土豆片炸至中间酥软、外表金黄酥脆。如油不够，可再加入适量。在纸巾上沥油，如有剩余的油，也用纸巾吸干。

准备4个直径约12厘米的浅口烤碗。底部铺上2层炸过的土豆片，将3片火腿贴着烤碗的边围起来（这样可以将液体兜在里面）。

将奶油、切达奶酪碎、少许盐以及胡椒放在一起搅拌均匀。将奶糊平均装入4个烤碗（如果奶酪沉在容器底部，你得把它们用勺子捞到上层来），上面放上辣椒。在最上面另撒一些奶酪碎，小心地打入鸡蛋。

找个放得下4只烤碗的大烤盘，将烤碗小心地放进去。在大烤盘里倒水至小烤碗高度的一半，烤15~20分钟直至蛋白凝固。

趁热上桌，撒香葱和现磨黑胡椒。

烟熏三文鱼菠菜特浓炒蛋

Katie's extra-creamy scrambled eggs with smoked salmon and SPINACH

我在工作日的早餐通常就是Vegemite配吐司（Vegemite是一种澳洲特有的棕色食物酱，在我第一次尝了这种典型的澳洲食物之后，我着实花了十年的工夫才逐渐爱上它）。在周末时间充裕的时候，我会用鸡蛋做早餐，而炒蛋是我的最爱之一。炒蛋口感丰厚且美味，如果再配上三文鱼和菠菜的话，滋味就更加妙不可言。

400克嫩菠菜叶
6个散养鸡蛋
海盐和现磨黑胡椒
2根葱，切到细碎
3大匙鲜奶油
2大匙酸奶油
1小块黄油
1茶匙新鲜莳萝碎，另备些最后装饰用
2块厚切欧包
半个柠檬皮，切碎
100克烟熏三文鱼，切细丝
柠檬角，佐食用

将菠菜放入炖锅，加3大匙水，盖上锅盖用中火煮1~2分钟，直至煮软。用漏勺或者滤网沥水，然后放回锅里保温。

将鸡蛋打散，用盐和胡椒调味。加入葱、奶油、酸奶油、黄油和莳萝碎，再轻轻地搅拌均匀。

取大号不粘煎锅，调中低火。倒入鸡蛋混合液，让它在锅里稍微凝固一下，然后用铲子轻轻从底部翻炒。你要把它煮透，但是要确保鸡蛋柔软蓬松。

把面包烤一下，每个盘子里放一片，铺上菠菜，然后撒一小撮柠檬皮碎，再放上炒蛋和烟熏三文鱼条。最上面撒少量莳萝碎和现磨胡椒，最后挤上柠檬汁。

2人份

$1.20

说起蘑菇，在这儿我得承认，我不是特别喜欢。我喜欢在披萨上撒些蘑菇或者在做意面酱的时候放一些，但除此之外，我对蘑菇的感觉很一般。我想你们当中也必然有一些人喜欢，一些人则完全不爱。

我丈夫嗜蘑菇如命。最近去了趟本地农场的集市，在那里我发现了好多品种的本地培植的蘑菇，有栗子菇、瑞士褐菇、鲜香菇和舞茸，我就想做些配吐司的蘑菇来犒劳他。用黄油和欧芹简单地煮一下，配上烤过的面包片，这种早餐会大大地满足任何一个蘑菇爱好者。

蘑菇吐司配核桃佐山羊奶酪

Mushrooms ON TOAST with Walnuts and Goat's Cheese

1大匙橄榄油
2大把蘑菇，洗净并切片
海盐和现磨黑胡椒
1大匙黄油
1小把核桃仁，稍切碎
3小枝百里香，挑出叶子
2厚片欧包
3粒蒜瓣，去皮并竖切成两半
75克软山羊奶酪
特级初榨橄榄油，淋汁用
1小把扁叶欧芹
现磨帕玛森奶酪，装饰用

取厚底煎锅，倒入橄榄油，中火加热30秒左右。放入蘑菇，用少许盐稍调味，煎大约5分钟，其间不时地翻炒一下。加入黄油、核桃和百里香，拌匀，再炒5分钟直至蘑菇熟透并变脆。

将面包烤一下，用蒜瓣在面包的一面上擦出香味，涂上厚厚一层山羊奶酪。

在上面堆上蘑菇，淋特级初榨橄榄油，然后用稍多一点的盐和大量现磨胡椒调味。最后撒上欧芹碎和现磨帕玛森装盘。

2人份

DAIRY INVERNESS
JUICE

Bob Davies是我的公公，他是个超级专业的厨师，并且跟他儿子一样，是个大好人！Bob大约每两周就会做一次这种杂锦燕麦，然后把它封存在密封罐里。这东西真的是太美味了，有分量十足的坚果，口感和风味都是一流的。如果喜欢高级巧克力风味，只需在材料分为两份的时候，在干的那些食材里放入2大勺可可粉即可。

Bob特制烤杂锦燕麦

Bob's toasted MUESLI

5杯半（495克）燕麦片
¾杯（75克）小麦胚芽
¾杯（60克）椰丝
¾杯（105克）葵花子
1杯（200克）南瓜子
1杯（160克）杏仁
1杯（140克）去皮的榛子
3大匙芥花籽油、花生油或者葵花子油
3大匙蜂蜜，再加一点最后备用（可选）
3大匙枫糖浆
1¾杯（280克）无籽葡萄干、无核小葡萄干或者提子干（或是每样都放一点）
半杯（70克）切碎的枣干或是无花果干

495克

烤箱开风机加热到130℃，上下烤盘里都铺上烘焙油纸。

在大碗里混合燕麦、小麦胚芽、椰丝、瓜子和坚果，然后把混合过的杂锦燕麦分成两份，一半留在大碗里，另一半取出放在小碗里盖起来。

在炖锅里用中低火加热油、蜂蜜和枫糖浆，煮5~6分钟直至稀薄顺滑，然后将它倒在大碗的杂锦燕麦里。用勺子充分搅拌混合至里面的果仁都裹上糖浆却不会过分粘连在一起。如果混合物看起来有点稀的话，就从留存的那部分杂锦燕麦里再分出来一点混合。

将湿的这部分杂锦燕麦平铺在准备好的烤盘里，烤约1小时，其间不时地拿出来摇晃一下，以确保受热均匀。烤好时候的颜色应该是诱人的金黄色的，注意不要烤得颜色过深。

将烤盘从烤箱中取出，待完全冷却后再将杂锦燕麦倒进大碗里，同保留的那部分燕麦以及果干混合。

吃的时候盛出一些在碗里，然后倒入冷牛奶，再淋上一些蜂蜜。把剩下的保存在密封罐里，最多可以保存2周。

FOR STRENGTH AND
GOOD HEALTH
VEGEMITE
RICH IN
AND NIACIN

1C
JUL09/11

Potato Chips

NO PRESERVATIVES

NET WT 1OZ (28.3g)

Ⓤ

utz® Potato Chips

CHAPTER №. 2

LUNCHES

午餐

STAUB

这种虾口味超棒，并且当它们在铸铁锅的高温下被煮得滋滋作响的时候，你能感受到烹饪这道菜的极大乐趣。这道菜我喜欢趁热端上桌，不过实际上无论是热的还是冷的，它都是十分美味的。

干煎明虾

Sizzling prawns

500克鲜明虾，剥壳去虾线（保留头部和硬壳），保留完整的尾部
2杯（500毫升）鸡或鱼高汤
现磨黑胡椒
6粒蒜瓣，碾碎
1个青柠的汁和青柠皮碎
半茶匙SMOKED PAPRIKA（西班牙辣椒粉）
半茶匙干辣椒碎
⅓杯（80毫升）特级初榨橄榄油
海盐
1小把扁叶欧芹叶，切碎
青柠角和欧包，佐食用

2～4人份

把明虾的头部和硬壳放进一个中等炖锅里。加入高汤并用胡椒调味。煮开，调到中火煨15~20分钟。把高汤倒入碗里，然后拣出虾头和虾壳扔掉，盖上盖子备用。

同时，在一个碗里放入蒜、青柠皮碎和青柠汁、SMOKED PAPRIKA、辣椒碎和橄榄油充分混合。将明虾放入，并翻拌至完全都裹上了腌料汁。用盐和胡椒调味，盖上碗盖，放入冰箱冷藏15~30分钟。

明虾取出沥干，保留腌料汁。取一只铸铁浅锅，开大火，放入腌料汁并煮开。加入半杯（125毫升）高汤并搅拌均匀，加入明虾，用大火煨5~10分钟直至煮透。

上桌之前，最后再加一满勺高汤，撒上欧芹。趁热连同青柠角和欧包一起端上桌。

Colm特制浓汤

Colm's soup

6人份

Colm是我的一个爱尔兰籍密友。他是个很棒的家伙，跟我一样热衷于张罗盛大周到的晚宴。我在他都柏林的住所度过了好几个奇妙的夜晚，大家肚子里装满各类美味的食物和法国美酒，一直闹腾到凌晨。我都跟他说好几年了，他应该把他那道神奇的番茄浓汤拿出来卖。当我为我的烹饪书收集食谱的时候，我知道肯定得算上他这道菜。一个小妙招：给烤得焦黑的甜椒去皮时，应该戴上一副薄橡皮手套，否则它们会把你的指甲缝弄得乌黑难看。

14个大的熟透的番茄，纵向切开
2粒蒜瓣，切薄片
橄榄油，淋用
海盐和现磨胡椒
1大把罗勒，大致切一下，再另外留一点儿做最后装饰用
4个红灯笼椒
1听400克的碎番茄罐头
1根长红椒，切碎
半茶匙优质SMOKED PAPRIKA（西班牙辣椒粉）
百里香叶，装饰用

山羊奶酪面包丁
1根法棍，切厚片
450克优质软山羊奶酪

烤箱开风机预热至120℃。

将切开的番茄切口朝上放入烤盘。每一瓣上都淋上一些橄榄油，上面放上蒜片，并撒一些盐和胡椒调味。烤2小时，直至番茄变软并焦化。

同时，用夹子夹着一整块灯笼椒，在瓦斯炉火上烘烤，不时转动一下，直到整个表面都变焦（如果你没有瓦斯炉，使用户外烤炉、烤盘，或预热至200℃的风机烤箱也能达到同样的效果。）将烤好的灯笼椒放进大碗里，上面罩上保鲜膜，放在一边冷却至可以用手拿起，然后把焦皮剥去。切去中间的核心部分和白色的隔膜，丢弃辣椒子，将余下部分切块，同烤过的番茄一起放进厚底炖锅里。

炖锅里加入罐头番茄、长红椒、辣椒粉和切过的罗勒，并加入盐和胡椒调味。用空的番茄罐头的罐子作为量杯，加2满罐冷水。充分搅拌，然后用中低火煨差不多1个小时，直至汤汁收浓。

把炖锅从火上移开，让汤冷却几分钟，倒入搅拌机，搅打至顺滑（或者直接在炖锅里用手持搅拌机搅打）。将汤倒回锅里，再稍微加热一下。尝一下味道，如果需要可以再调一下味。

制作羊酪面包的方法是，先在户外烤炉上烤面包片，然后在上面涂上厚厚一层山羊奶酪，再烤一下直到奶酪变热并稍稍变软。

把汤舀到碗里，放上一片山羊奶酪面包，撒一些百里香叶，最后撒一些黑胡椒，趁热端上桌。

LN PRATIQUE
ECON

胡椒粒菲力牛排配辣椒和米兰香草酱

Barbecued peppercorn beef fillet with chilli AND herb gremolata

我们这几年都会经常做这道菜，它真的很简单，在煮烤聚会时总是会想到它。为了让它的味道更浓郁一些，我决定加一些我最近一次在美国66号公路旅行时所吃到的食物里用到的那种意式调料。

哈瓦那辣椒（Habanero）是这道菜画龙点睛的一笔，而青柠则是锦上添花。如果你没有哈瓦那辣椒，可以用一根马来西亚的鸟眼辣椒或者一两根长红椒替代。这菜配啤酒非常棒。

2大匙粉色胡椒粒
2大匙黑胡椒粒
2大匙海盐
橄榄油，涂抹用
1块1.5千克重的散养菲力牛排
2～3个青柠，每个切成4瓣
欧包，佐食用

米兰辣椒香草酱
1大把薄荷，切碎
1大把扁叶欧芹，切碎
1～2根青辣椒（根据口味添加），切碎
¼个哈瓦那辣椒，切碎
1个柠檬的柠檬皮碎

用研钵和研杵将粉胡椒粒和黑胡椒粒粗粗研磨。加入盐轻轻碾压，然后将这些混合物倒入一个大餐盘里，晃动餐盘直至它们均匀地混合。将1茶匙橄榄油倒在手掌里，擦遍整块牛肉，然后将牛肉放入餐盘让其表面均匀沾上碾好的粉末。

预热户外烤炉或烤盘，在上面煎牛排直至半熟（200℃的户外烤炉要烤40~45分钟）；或者，在煎锅中将四面煎香后转入风机预热至180℃的烤箱里烤40~45分钟。将牛肉放置5~10分钟，然后用牛排刀切薄片。

将做米兰辣椒香草酱的所有材料混合均匀。

上桌前，将调料倒在浅盘或者木制砧板上，然后加入牛肉薄片，翻拌至均匀沾上调料。与青柠角和欧包一起端上桌。

4～6人份

这款传统的苏打面包是爱尔兰人的主食，每个爱尔兰家庭都会有他们自己的做法。
它不需要酵母，也没有发面的过程，所以它只需要5分钟的准备时间。
我住在澳洲的时候做过很多次这种面包，经常会有人问我要配方。
如果想把它变成可爱的餐前点心，只需要在面包上放上三文鱼，
然后用4厘米的面团切割器切成小圆形就可以了。
上桌前可以在每片抹1茶匙芥末奶油，然后撒点莳萝、黑胡椒，再挤些柠檬汁上去。

苏打面包佐烟熏三文鱼

Irish BROWN BREAD with smoked salmon and wasabi cream

1杯（240克）法式酸奶油
1茶匙半日式芥末酱
无盐黄油，涂抹用
12片优质烟熏三文鱼
现磨黑胡椒
莳萝和柠檬角，装盘时用

苏打面包

125克普通面粉
1茶匙细盐
1茶匙小苏打
350克全麦面粉
15克小麦胚芽
400毫升白脱奶

6人份

烤箱开风机预热至200℃。

先做面包。将普通面粉、盐和小苏打筛进一个碗里，加入全麦粉和小麦胚芽充分混合。在中间整出一个坑洞，倒入白脱奶，混合之后揉成面团，注意面团处于结构松软但还是有一些黏的状态。

把面糊扣放到撒好面粉的台子上，整形成面团后非常轻柔地揉至面团不黏。将面团整形成扁圆形（直径15~18厘米），放入一个撒过面粉的烤盘里。尖刀沾面粉，在面团的顶部划出约1厘米深的十字。

将面团送入烤箱烤约40分钟，直至表面金黄，敲击后中心发出空洞的声音即可。取出，在架子上放凉。将法式酸奶油和芥末酱混合均匀。

面包切厚片，涂一层薄薄的黄油，然后再涂一层厚厚的芥末酸奶油，上面放烟熏三文鱼并撒胡椒调味。将做好的这一片切开两半，和莳萝、柠檬角以及剩下的芥末奶油一起装盘上桌。

这是一道制作简单且充满夏日风味的菜。如果你时间不那么宽裕，也可以买处理过的生虾仁。我做的是泰式传统蘸酱——nam jim酱。如果想把它做成主菜，你可以用烤肉签穿一些白鱼块烤一烤，然后同虾、沙拉和欧包一起装盘上桌。

烤明虾 佐 泰式蘸酱

BARBECUED prawns with Thai dipping sauce

1千克生明虾，去壳抽虾线，保留尾部的壳
2个青柠的汁
海盐和现磨黑胡椒
2个青柠，切半
另外再准备一些青柠角和欧包

泰式蘸酱
2粒蒜瓣，压碎
2大匙鱼露
3大匙青柠汁
2大匙黄糖
半个小紫洋葱，切细碎
1根长红椒，切碎
1根长青椒，切碎
1大匙切碎的香菜
1大匙切碎的薄荷
1段1厘米厚的生姜，研碎
研磨海盐和现磨黑胡椒

4人份

将虾放在碗里，加入青柠汁，再加少许盐和胡椒进行调味。翻动虾并使它们都均匀地沾上酱汁。碗上盖上保鲜膜，放入冰箱冷藏15~30分钟。

做泰式蘸酱。将所有的材料都放在一个小碗里混合好。

用中火预热户外烤炉或是烤盘。放上切半的青柠，切面朝下烤2分钟直到切面焦糖化，取出放在一边。然后放上明虾烤3分钟，翻面再烤1~2分钟直至它们颜色变粉熟透。在烤的过程中，挤上一些烤过的青柠的汁。

明虾趁热和蘸酱一起装盘上桌，上面挤一些青柠汁，配欧包吃。

170g when trimmed.
Bacon
Orecchiette with speck, roast tomatoes,
baby peas and pecorino cream sauce
INGREDIENTS
125g
225g
6 cups Orecchiette pasta (this would be 600g - reduce to
Olive oil for cooking
1 punnet baby tomatoes - 2CUPS
Medium sized chunk of speck, cut into small
(use bacon if you can't get speck)
1.5
cups frozen baby garden peas
(pre-blanched for 5 minutes until almost cooked)
1½
cup grated Pecorino cheese
1½ Pepper
2
cups single pouring cream
Handful fresh basil and oregano
Extra virgin olive oil
¼
cup toasted pine nuts (optional)
Zest ½ lemon
METHOD
Pre-heat oven to 180°C
Place tomatoes on a baking sheet or tray, drizzle with olive
Sea salt, freshly ground black pepper
10mins
Cook pasta for 10-12 minutes in a large pot of salted boiling
until al dente. Drain, drizzle with a little olive oil,
pot lid and set aside momentarily.
Spoon onto a large serving platter, scatter
top along with a good handful of torn basil
serve immediately with crusty fresh bread.

意大利面是我最喜欢的食物之一，不管是新鲜手制的还是市售干意面我都爱——它在我家是主打食物。这道菜可以用来当午餐或晚餐，而且我发现它是和闺蜜们在慵懒周日午餐的最佳选择。番茄只需要烤15分钟（所以你不需要几个小时都开着烤箱），它们微微的甜味和意式培根或者熏肉的咸香完美地融合在一起。我喜欢尝试用只有薄薄一层肥肉的意式培根或者火腿（或者我会将多余的肥肉去掉）。如果你手上没有这些，也可以用优质的散养美式猪肉培根替代。

猫耳意面 佐 番茄佩科里诺奶油酱汁

ORECCHIETTE with *roast* tomatoes and *pecorino cream sauce*

250克小番茄
橄榄油，烹饪用
海盐和现磨黑胡椒
1小把罗勒叶，简单撕开
1小把牛至叶，大致切一下
2杯（240克）冷冻青豆
600克猫耳意面
350克意式培根或火腿，切小块
3杯（750毫升）鲜奶油
200克佩科里诺干酪，研碎
100克松子，烤过的（可选）
特级初榨橄榄油，淋汁用
欧包，佐食用

4人份

烤箱开风机预热至180℃。

将小番茄放在烤盘里，淋上橄榄油，用盐和胡椒调味，再撒上撕开的罗勒和一半的牛至叶，烤15分钟直至变软。在炖锅里用沸水将青豆煮4~5分钟或直到煮熟，捞出沥水。

在大炖锅里用加了盐的沸水煮猫耳意面10~12分钟或者煮到有嚼劲，捞出沥水。重新放入锅里，淋上一些橄榄油，盖上保温。

同时，在煎锅里用中火将一大匙橄榄油加热，加入意式培根或者熏肉煎至金黄焦脆。倒入奶油并且翻拌，让肉裹上奶油，加入佩科里诺干酪并加少量盐和足够的胡椒调味。用小火煮10分钟直至入味或至汤汁减少1/3，加入青豆和猫耳意面，搅拌均匀。

将意面盛入大盘，放上烤好的番茄，撒上松子。用剩下的罗勒和牛至叶装饰，淋上特级初榨橄榄油，同面包一起装盘上桌。

手撕猪肉三明治配苹果醋色拉

PULLED PORK sandwich with apple cider slaw

作为一个猪肉爱好者（无论什么只要配上培根就更美味一些，不是么？），
从我开始烹饪起已经试过几次手撕猪肉三明治（PPS）了。
2011年的时候，我在马萨诸塞州普罗温斯敦的一个餐吧里吃到了我觉得最美味的手撕猪肉三明治，
那令人垂涎三尺的滋味让我至今难以忘怀。它的秘诀似乎在于酱汁，于是当我回到家，
我就开始挑战这道菜，争取能够做出自己的风味。我品尝并研究了市面上其他配方制作的酱汁。
如果我要卖酱汁，一定会给它打上“Katie的惊艳吮指三明治酱汁”的字样。
这可是首次曝光，没有其他人知道哦。

2千克散养猪肩肉，带骨
海盐和现磨黑胡椒
迷你布里欧包（做法参见108页）

手撕猪肉酱汁

2大匙橄榄油
1个洋葱，细细切碎
海盐和现磨黑胡椒
2瓣大蒜，研碎
1根胡萝卜，细细切成小碎丁
2根芹菜，细细切成小碎丁
1根长红椒，切小丁
1杯（250毫升）苹果酒醋
2大匙黄糖
1大匙番茄膏（无颗粒）
4大匙糖浆
2大匙黄芥末粉
¼茶匙姜黄粉
半杯（125毫升）白醋
1升鸡高汤
半茶匙干辣椒碎
1大匙CHIPOTLE酱（一种墨西哥红辣椒酱）
1茶匙半玉米淀粉混合2大匙冷水

苹果醋色拉

¼棵卷心菜，去心，叶切细丝
¼棵紫甘蓝，去心，叶切细丝
1根胡萝卜，去皮并用蔬菜削皮器擦成片状
6～8个水萝卜，切薄片
3根葱，切细碎

苹果醋沙拉酱汁

3大勺苹果酒醋
⅓杯（80毫升）红酒醋
3大匙特级初榨橄榄油
1个柠檬的汁
海盐和现磨黑胡椒

6人份

翻页继续

URFSW

手撕猪肉三明治配苹果醋色拉

PULLED PORK sandwich with apple cider slaw

continued...

烤箱开风机预热至160℃。

将猪肩肉皮朝下放入烤盘，用盐和胡椒调味。快速翻转猪肉使皮朝上，用锡纸盖上，烤5~6个小时。3个小时过后检查一下，如果猪肉开始变干，在烤盘里喷洒一点水然后放回烤箱。将烤好的猪肉放到一个烤网架上冷却，然后把它转过来，用叉子将肉撕碎（肉拿出来的时候应该是成块的并且酥软多汁）。

同时做酱汁。在大炖锅里用中火加热橄榄油，加入洋葱翻炒，撒少许盐调味，约5分钟。加入蒜后再翻炒2~3分钟。然后加入胡萝卜、芹菜和辣椒煮10分钟或者一直到所有的蔬菜变软。加入除玉米淀粉糊之外的所有材料，开锅盖小火煮1.5小时到2小时使得汤汁收浓变稠。从火上移开炖锅，将锅里的浓汤汁过筛，按压固体的部分，使尽可能多的汤汁滤出。将滤过的汤汁倒回锅里，加入玉米淀粉糊，搅拌，并且加热。

把手撕猪肉放入酱汁里搅拌均匀。

做色拉。将所有的蔬菜放进一个大碗里混匀，将做色拉酱的食材混合均匀后，倒入蔬菜里，轻轻翻匀。

将手撕猪肉和沙拉夹在迷你布里欧包里上桌。

洋葱奶酪派 佐 黑醋糖浆

Caramelised onion and goat's cheese tartlets with BALSAMIC SYRUP

这道菜可以成为一顿丰盛的午餐，同时也可以作为一个晚宴的完美前菜。你可以在早上就做好焦糖洋葱，甚至前一天晚上就准备好，盖上盖子放着，直到需要用的时候再拿出来。做派的时候要注意（我犯了很多次这种错误），有时一个派看起来非常漂亮，但到吃的时候才发现，饼底根本没熟！可以用一把小铲刀或者差不多的东西轻轻抬起派，以确认底部是否还是湿的或者软的。如果它们是那种状态，可将烤箱温度降到160℃然后放回烤箱里再烤一下。

1大张优质的酥皮
1个散养鸡蛋的蛋黄，撒一点点牛奶混合一下
4满大勺焦糖洋葱酱（做法参见第223页）
175克优质羊奶奶酪，切成1.5厘米的厚片
3～4小枝百里香，留叶子，另外备一些做最后装饰用
海盐和现磨黑胡椒
1杯（250毫升）意大利黑醋（用你能买到的最好的那种）
3大匙黄糖

4人份

烤箱开风机预热至200℃。

用一个直径12厘米的圆形酥皮切刀或者一个小碗作为模子，在酥皮上切出4个圆，放在不粘或者铺上烘焙纸的大烤盘里。每个圆酥皮边缘2厘米处刻一圈印，注意不要切断了。避开边缘，用叉子在底部插一些孔。用蛋液刷一下边缘，注意不要让蛋液流到底部，否则的话酥皮会发得不均匀。

注意避开边缘，在酥皮上涂上焦糖洋葱酱，涂抹均匀。上面放上山羊奶酪，然后撒一些百里香并用胡椒调味。

烤20分钟直到酥皮边缘变成金黄胀起并且底部熟透。

同时，将意大利黑醋倒在小炖锅里煮开，把火调小煮至液体减少一半。加入黄糖并煨至混合物变成糖浆（煮好的糖浆应该是可以挂在勺子上的），放在一边冷却，让糖浆变稠。

装盘时在派上淋上黑醋糖浆，再撒一点百里香枝。

辣味春鸡佐炭煮青柠

Poussin with spicy rub and CHARGRILLED lime

这种辣味粉赋予白肉一种烟熏的、甜美的滋味，你可以只用一些鸡翅或者鸡腿等部分。在烹饪的时候，把肉切成可以一口吃下的大小放在大盘里，淋上青柠汁。

4只春鸡
6～8个青柠，切半

辣味粉
2茶匙黄糖
半茶匙盐
2茶匙西班牙辣椒粉（SMOKED PAPRIKA）
1茶匙多味香粉
1茶匙红辣椒粉（CAYENNE PEPPER）
1大匙现磨胡椒
1茶匙大蒜粉

4人份

先做辣味调料。将所有食材都放进碗里充分混合。

烹饪春鸡。用厨房专用剪刀剪下脊柱的两边，分开。修平颈部，去除内脏，然后将小鸡按下铺开。用冷水冲洗并轻轻拍干。

将烤架或者烤盘中火加热。

将铺开的春鸡放在一个烤盘里并且松松地裹上辣味调料，要保证两面都裹上调料。

在烤架上放上切半的青柠烤几分钟，直至烤焦，然后放在一边。

将春鸡的每一面都烤20～25分钟直至烤透，在烤的时候取一些烤过的青柠挤汁淋在春鸡上。切开，趁热与剩下的炭煮青柠一起装盘上桌。

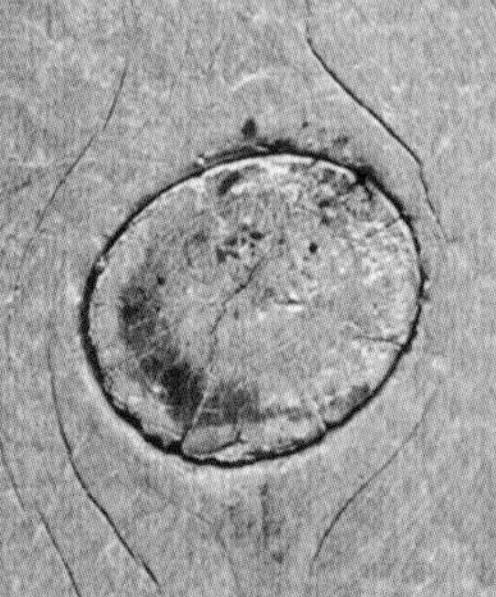

越式沙拉
佐脆皮五花肉

Vietnamese salad with crispy PORK BELLY

这道菜的灵感来自于本地的一个外卖连锁店，它口味清淡鲜爽，口感香脆。难以想象有了五花肉加入的沙拉是多么绝妙的滋味，尤其是带着猪皮脆！

1千克散养猪五花肉
海盐和现磨胡椒
橄榄油，涂抹用
芝麻油，装盘用

越式沙拉
2～3根青葱，切碎
1根长红椒，去子，切细丝
半根大黄瓜，切成1厘米见方的丁
1个绿木瓜，去皮，切薄片
1小把香菜叶，撕开
1大把薄荷叶，撕开，另加一些作为最后装盘用
半杯（70克）烤过的无盐花生

青柠醋淋汁
2大匙米酒醋
3茶匙鱼露
2茶匙酱油
2大匙青柠汁
1大匙研磨细碎的棕榈糖
1根鸟眼辣椒，去子，细细切片
海盐和现磨胡椒

4人份

烤箱开风机预热至240℃。

在干净的料理台上放上五花肉，带皮的那一面朝上，用纸巾将皮上的水彻底拍干。用细尖刀小心地在肉皮上划一些间隔为1.5厘米的道道，注意不要划到下面的肉的部分。将2茶匙半海盐抹擦肉皮，要使划开的缝里和整个肉皮表面都沾上盐。将肉翻面，用手在肉的下半部分抹上一小点橄榄油，抹上盐和细胡椒调味。

把肉放在烤盘里，肉皮朝上，烤30分钟（这样很容易烤出好的脆皮来），然后把温度降到180℃再烤2小时。如果这个阶段脆皮还没有硬化，只要把温度调到200℃再继续烤20分钟左右（脆皮应该呈金黄色并且用勺背敲击能感觉到发硬）。将猪肉从烤箱取出放在一个置于盘子上的煮烤架子上，这样盘子可以接住冷却过程中滴下的肉汁。等凉透了之后，沿着脆皮上的切痕把肉撕开，然后将每一片切成小块。

将制作沙拉的所有食材放入一个碗里翻拌，然后将制作淋汁的所有食材放在一个小碗里搅匀。

将淋汁的一半倒入沙拉并翻拌均匀，加入肉块再翻拌一下。装盘时，在每个盘子里盛上沙拉，撒一些另外准备的薄荷叶和芝麻，同剩下的淋汁一起上桌，需要的人可以再随意添加。

2011年的时候，我有一篇博客写的是关于我家街角的一家小饭店。饭店“Love.Fish”是我的两个好朋友Michael和Michelle开的。他们做的菜深得我心：环保且新鲜的鱼，简单的烹饪，品种多样、味道鲜美健康的沙拉和配菜。其中一道我最爱的菜就是这个，因为我喜欢带有酸味的食物，喜欢酸萝卜的口感。记住，你可以用任何其他肉质厚实的白色鱼肉替代澳洲肺鱼。

煎澳洲肺鱼佐酸萝卜沙拉

Barramundi with *pickled radish*, GREEN BEAN and *watercress* salad

2人份

1个青苹果
1～2茶匙柠檬汁
1小把豆角，去头去尾
150毫升特级初榨橄榄油
1小把西洋菜，洗净择叶
2片200克的澳洲肺鱼柳，去骨
橄榄油，烹饪用
现磨黑胡椒

酸萝卜
1杯（250毫升）白醋
1茶匙细盐
半杯（110克）白糖
1个八角
半茶匙黑芥末籽（BROWN MUSTARD SEED）
1个小豆蔻豆荚，研碎
6根小萝卜，每个切4瓣

先来做酸萝卜，将醋、盐、糖、八角茴香、芥末籽、豆蔻豆荚和半杯（125毫升）水放进中号炖锅，中火煮至糖和盐溶化。加入萝卜煮至稍稍翻滚，注意不要让汤沸腾。关火移开炖锅，放置30分钟，然后放入冰箱彻底冷却。把腌萝卜捞在小碗里，倒50毫升腌料汁备用。

用曼陀林切割器或者一把非常锋利的小刀，仔细地切出10片纸片厚薄的苹果圆片（不用把苹果去核，只要把圆片中间的种子部分给去掉就好）。放进一个碗里，淋上柠檬汁，防止苹果氧化变色，放一旁备用。

在一个小炖锅里用沸水煮豆角2~3分钟，将豆角从水里捞出，放入一个盛有冰水的碗里（这样可以让它们保持爽脆的口感和鲜艳的颜色）。

把特级初榨橄榄油和保留下来的腌菜汁混合成淋汁。将豆角、西洋菜和腌萝卜放在一个碗里拌好，浇入淋汁，然后轻轻翻拌均匀。

用大火加热煎锅。将鱼柳的两面都擦上一点橄榄油，再鱼皮朝下放入已经加热的煎锅煎8~10分钟。鱼柳上面压个重物，比如一个小的铸铁锅，以使鱼肉扁平并且使鱼皮变得酥脆。然后将鱼柳翻面，再煎2分钟或者直至鱼肉的中央变色。将煎锅从火上移开，放置2分钟。

装盘时，将苹果片放在盘子里，上面放上一些沙拉和鱼柳，最后撒上一些胡椒即可。

慢烤番茄佐曼彻格奶酪

Slow-roasted TOMATOES with manchego

4人份

我是个番茄的狂热爱好者——几乎每餐饭都离不开它们。我最喜欢的一种烹饪番茄的方式就是用橄榄油和罗勒一起慢烤。这里我还会加一些曼彻格奶酪，一种产于拉曼查地区的用绵羊奶做的西班牙式硬奶酪，非常美味。

我喜欢用做tapas的碗来做这道菜，装盘时就用tapas碗。不过你也可以只用一个大烤盘来做。慢烤番茄非常百搭，和陈年帕尔玛火腿或者辣味土豆（Patatas Bravas）火腿蛋（参看第74页）搭配出的午间简餐非常可口。它们作为浓汤或者披萨酱的底料也是超级棒的。

6个大的熟透的番茄，竖着切半
⅓杯（80毫升）淡味橄榄油
海盐和现磨黑胡椒
1小把大罗勒的叶子
1杯（100克）磨碎的曼彻格奶酪，再准备一些装盘时用
烤过的面包片，装盘时用

烤箱开风机预热至120℃。

把切半的番茄分装在4个耐热的tapas碗里，切口朝上。

在番茄上淋橄榄油，然后撒上盐和胡椒调味。把罗勒叶放在番茄周围，把它们压进橄榄油里。放进烤箱烤1.5小时直到番茄变软。

撒上曼彻格奶酪碎，然后放回烤箱里再烤10分钟让奶酪融化。

装盘的时候另外撒一些曼彻格奶酪，和烤过的面包片一起趁热上桌。

Small can Sweet Corn

2 Sticks Celery Diced

Small onion (diced & Saute

in olive oil till

caramelised)

Cooked Prawns

a handfull chopped parsley

Mix all ingredients & season

well with Salt &

2DOZ. 8OZ.

BOUTEILLES

L'IDÉALE

A CONSERVES

Finest
BON

辣土豆佐火腿蛋

Patatas Bravas with Ham and EGG

老实说，有什么比辣味的土豆、酥脆的火腿和炒鸡蛋放在一起烹饪，上面再撒上黑胡椒更美味的呢？它的最妙之处是，用这道菜和好多香脆的酵母面包配在一起就是一顿完美的冬日午餐。

No. 74

6个大土豆，纵向切四半，然后切成2～3厘米见方的土豆块
1茶匙细盐
⅔杯（160毫升）橄榄油，另备一些热煎锅用
2根长红椒，细细切片
2茶匙西班牙辣椒粉（SMOKED PAPRIKA）
3小枝百里香，留叶子
海盐和现磨黑胡椒
8片优质帕尔玛火腿
4个大散养鸡蛋
欧包

4人份

在大炖锅里装半锅冷水、土豆和盐。煮开，转中火炖20分钟直至煮熟，然后捞出沥水备用。

把橄榄油、辣椒、西班牙辣椒粉、百里香叶和一些盐、胡椒放入小碗里充分混合。

在煎锅里用中火加热1~2大匙橄榄油，放入一半的土豆然后煎到微微金黄酥脆，捞出放在纸巾上沥干。用同样的方法制作剩下的土豆，如果需要可以再添点儿油。然后把所有的土豆放回煎锅里，放入混合好的辣椒油然后翻拌均匀。再煎一两分钟，移开煎锅放一边备用。

在烤盘里垫上锡纸，在上面铺上一层帕尔玛火腿，在热烤架上烤5分钟直至香脆。

用橄榄油涂抹4个耐热tapas碗，沿碗的边缘衬上两片烤过的火腿。把土豆平均分在4个碗里，中间留出空隙，在空隙里打个鸡蛋。将碗放在4个燃气炉灶或者电炉上，用中火煮10~15分钟或者直至蛋白煮透（或者用一个灶头一次性煮一个）。端下去的时候要小心，因为它们这时可像火山岩一样烫，要保护好自己的手并且把菜放在耐热板或者盘子上。用一点盐和胡椒调味，和面包一起趁热上桌。面包可以蘸美味汤汁吃掉。

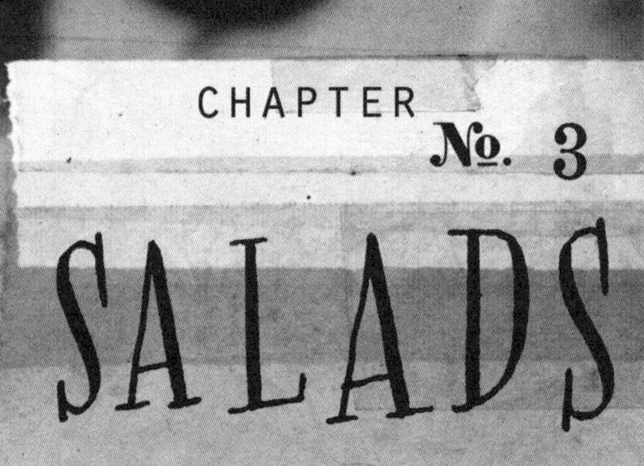

CHAPTER

№. 3

SALADS

沙拉

南瓜子西洋菜沙拉佐煎鸭蛋

Roasted PUMPKIN SEED and watercress salad with a fried DUCK EGG

这道菜是我将最近在纽约吃过的两顿午餐里的菜组合出来的，里面有所有我钟爱的口味。沙拉酱汁非常开胃，烤过的南瓜子咸香酥脆，西洋菜带来些许的辛辣劲道，鸭蛋黄则带来奶油般顺滑的口感，形成了鲜明的对比。然后还有焦脆的培根……还需要用更多的语言叙述么？

鸭蛋比鸡蛋大得多，味道也更香浓，如果找得到，一定要试试。如果你找不到鸭蛋，用散养鸡蛋也行的。

1杯（200克）南瓜子
海盐和现磨黑胡椒
橄榄油，烹饪用
10薄片散养猪肉培根，去皮去肥肉，切成2厘米宽的片
2大束西洋菜，洗净择叶
4个鸭蛋

甘味芥末沙拉酱汁
3大匙特级初榨橄榄油
1大匙半雪利酒醋
3茶匙第戎芥末
海盐和现磨黑胡椒

4人份简餐

烤箱开风机预热至180℃。

在烤盘上撒上南瓜子并用少量盐和胡椒调味，淋少量油翻拌均匀。烤10~15分钟直至南瓜子变成浅金色，然后取出冷却。

用中火在煎锅里加热1茶匙油，当油热了的时候，加入培根煎10分钟直至变脆煎透，放在纸巾上沥油。

做沙拉酱汁。把沙拉酱汁要用的所有食材在小碗里搅拌均匀即可。将西洋菜、培根、南瓜子分别分装在盘子里并在每个盘子里都淋上一些沙拉酱汁。

在大煎锅里用中低火加热1~2大匙油，然后一次打入2个鸭蛋，煎3~4分钟直至蛋白凝固但是蛋黄仍然呈液态，或按你喜欢的程度煎熟它。

每个盘子里的沙拉上面放一只煎鸭蛋和剩下的沙拉酱汁一起上桌。

西班牙香肠土豆沙拉

Chorizo and potato salad with ROCKET and MANCHEGO shavings

我第一次吃到曼彻格奶酪是很多年前在去西班牙的修学旅行中。我热爱如切达奶酪那样的硬质奶酪，这款奶酪也类似，但是有一股更加浓郁的坚果香味。买你能找到的最好的西班牙香肠，它真的能使味道完全不同。

500克大土豆
1茶匙细盐
橄榄油，烹饪用
250克西班牙香肠，纵向切半，然后切成细长条
半杯（75克）泡好的番茄干
1个柠檬的汁和柠檬皮屑，柠檬皮屑要用柑橘剥皮器刨成细小的卷状
1个紫洋葱，切两半并细细切片
1大粒蒜瓣，剁碎
2大匙特级初榨橄榄油
海盐和现磨黑胡椒
1大把芝麻菜叶，切成长条状
150克曼彻格奶酪，刨花

4～6人份配菜

在大炖锅里放半锅冷水并放入土豆和盐。煮开，然后转中火炖20分钟或直至土豆被煮透。捞出沥干，放在一边冷却，然后切成2厘米见方的片，放进碗里。

在煎锅里用中火加热1大匙油，然后加入香肠煎10分钟或者直至酥脆。将香肠盛出并且同番茄干、柠檬皮屑和洋葱一起放入土豆里。

将剁碎的蒜瓣、特级初榨橄榄油和柠檬汁在一个小碗里调匀，用盐和胡椒调味，然后倒在沙拉上。轻轻翻拌，再倒在盘子里。

撒上芝麻菜和曼彻格奶酪上桌。

珍珠大麦是一种用途广泛的食材，把它加进汤里或是沙拉里都让其味厚且带有浓郁的坚果香。它是很好的大米替代品，并且和其他的谷物也很搭，比如小扁豆。如果想让这道菜无麸质，只要将珍珠大麦换成藜麦，再按照包装说明烹饪即可。我喜欢用葱的绿色和白色部分给这道菜加一点色彩。

珍珠大麦沙拉佐突尼斯辣鸡肉

Pearl barley salad with HARISSA-SPICED chicken

1块200克散养鸡胸肉，纵向切成3份
¼杯（20克）杏仁片
1杯（200克）珍珠大麦
1个柠檬的汁
1大匙橄榄油，额外再预留一些备用
海盐和现磨黑胡椒
1棵西蓝花，分成小朵
1个西葫芦（胡瓜），去根并纵向切成0.5厘米的条
3根青葱，去根后切碎
1个青辣椒，去蒂去籽，切小丁
1大把芝麻菜，细细切碎

腌汁
1个柠檬的汁
1小匙市售突尼斯辣椒酱（HARISSA PASTE）
1大匙橄榄油
研磨的海盐

2人份主菜或4人份配菜

做腌汁。将所有的腌汁食材放入碗里搅拌均匀。将鸡肉放进一个浅口容器里，把腌汁倒在上面，要确保鸡肉被均匀地沾上腌汁。放入冰箱冷藏30分钟至1个小时。

同时，烤箱开风机预热至180℃。将杏仁片撒在烤盘上烤5~6分钟，取出备用。

将珍珠大麦放入炖锅中，加入3杯（750毫升）水。煮开，转小火煨35分钟。滗去水分然后放入冷水里，放在碗里稍微冷却。在小碗里放入柠檬汁、1大匙橄榄油和一些黑胡椒搅拌均匀，然后把混合液倒在珍珠大麦上，搅拌均匀备用。

用热水在炖锅里煮西蓝花2~3分钟，捞出之后立即放入冰水里。再次捞出沥水，放在一边备用。

在西葫芦条的每一面刷上少许橄榄油。加热煎锅或者烤盘把西葫芦条的两面都煎成浅金色，稍微冷却，然后切丁。

用中火加热一个大煎锅，把鸡肉和剩下的腌汁放进去煮10~12分钟直至鸡肉外焦里嫩，腌汁起泡。将鸡肉和腌汁一起盛出，放在一边，盖上盖子放置5分钟，然后把鸡肉撕成鸡丝。

将鸡肉、杏仁、珍珠大麦、西蓝花、西葫芦、青葱、青椒和芝麻菜一起放入一个大碗里拌均匀。用盐和胡椒调味，上桌。

培根佐波斯菲达芝士沙拉

Candied pancetta, BALSAMIC and PERSIAN feta salad

这是道大受欢迎的零失败料理：只是用香浓芥末籽和甜咸适中的香脆意大利培根搭配，就会让人想吃更多。如果你没有意大利培根，就用帕尔玛火腿，但不要另加盐，因为我发现帕尔玛火腿已经够咸的了。葡萄柚则给这道沙拉带来了相当清爽的口感。

1大把腰果
2个红心葡萄柚
6把混合生菜叶，洗净沥干
250克樱桃番茄，切半
1把青葱，去根后斜刀切碎
250克波斯菲达芝士，掰碎
10薄片意大利培根
1大匙蜂蜜

黑醋芥末沙拉酱汁
2大匙优质意大利黑醋
100毫升特级初榨橄榄油
1大匙芥末籽
海盐和现磨黑胡椒

4人份配菜

烤箱开风机预热至180℃。把腰果撒在烤盘上烤7~10分钟直至金黄，然后放置备用。

把每个葡萄柚的两端去掉，放在案板上，用小尖刀从头至尾小心地把皮和里面的白色组织去掉。拿起果子，下面用一只碗接着漏出的果汁，小心地将果肉从每一段的果肉膜里剥离，让果肉落进碗里。剥过的果肉里应该没有任何白色纤维和果核。

在一个大沙拉碗里放入生菜、番茄、青葱、奶酪、葡萄柚果肉和腰果，翻拌均匀。

把意大利培根放在烤盘里，上面淋上蜂蜜，放在热的烤架上烤5~6分钟直至焦脆。烤的过程中要小心看着，因为蜂蜜会使培根很容易烤焦。然后放凉，把脆培根弄碎撒在沙拉上。

把所有做沙拉酱汁的食材在碗里混合，淋在沙拉上，翻拌均匀后上桌。

紫甘蓝茴香沙拉 配龙蒿酸奶酱汁

RED CABBAGE and fennel salad with tarragon and lemon yoghurt

这款沙拉不但样子很美，同时也满是新鲜的滋味和口感，所有的食材用一种美味顺滑的酸奶沙拉酱汁调拌。晚餐时这道沙拉配上烤鲷鱼或者沙丁鱼，或者配干煎扇贝作为清淡的前菜，都是非常棒的。

1杯（120克）美国山核桃
4个血橙
1大个球茎茴香
¼个紫甘蓝，去心，叶子切细丝
200克软山羊奶酪
海盐和现磨黑胡椒

龙蒿柠檬酸奶酱汁
1小把龙蒿叶，细细切碎
1个柠檬的汁
2大匙特级初榨橄榄油
1小把新鲜的薄荷叶，细细切碎
⅓杯（95克）希腊酸奶
海盐和现磨黑胡椒

4人份配菜

烤箱开风机预热至180℃。把核桃撒在烤盘上烤7~10分钟，大致切一下，放置备用。

把做酸奶沙拉酱汁的所有食材放在碗里混合均匀后放入冰箱冷藏。

把橙子的两端切掉，放在案板上，用小尖刀从头至尾小心地把皮和里面的白色组织去掉。拿起果子，下面用一只碗接着漏出的果汁，小心地将果肉从每一段的果肉膜里剥离，让果肉落进碗里。剥过的果肉里应该没有任何白色纤维和果核。

在碗里放入茴香、甘蓝和山核桃拌匀，撒上山羊奶酪，淋上酸奶沙拉酱汁，调味，上桌。

13
12
11
10
9
8

OYAL PATENT
TRADE MARK
BRUNTON'S
STEEL
OUR

我对意大利黑醋的热爱在朋友圈内已经是众所周知的了，我有一次竟然一口气喝了一杯（正常大小的）这种醋（我没做记录，主要是因为这是在超市就能买到的很便宜的东西）。先不开玩笑，不过我真的酷爱美味的陈年意大利黑醋，无论什么时候去意大利，我都会搜罗一大堆这种醋回家。我会把它随便倒在任何自己喜欢的食物上，包括面包、奶酪、番茄和酸豆（所以我觉得你可以把这道沙拉称为“我的全天候最爱餐点”）。

如果没有瓦斯炉，炭烤灯笼椒时你们可以用烤架或者风机烤箱预热至200℃烤1小时（之前先用少量橄榄油涂抹一下灯笼椒）。

凯式意大利面包沙拉

Katie's PANZANELLA

8个罗马（蛋形）番茄，纵向切半
海盐及现磨黑胡椒
橄榄油，烹饪用
1个中等偏小放置了一天的酵母面包，撕成一口能吃掉的大小
3个红灯笼椒（辣椒）
1大匙特级初榨橄榄油
220克鲜马苏里拉奶酪，掰成几块
1大匙罐装酸豆（CAPERS），冲洗一下
1束罗勒，择叶

意大利黑醋沙拉酱汁
3大匙特级初榨橄榄油
1大匙意大利黑醋
海盐和现磨黑胡椒

2人份简餐或者4人份配菜

烤箱开风机预热至130℃。

在烤盘里放切半的番茄，用盐和胡椒稍微调味，然后淋上一点点橄榄油，放入烤箱烤2个小时直到番茄变得非常软并稍微有点焦。1.5小时以后，在另一个烤盘上撒面包丁，淋上一些橄榄油，放入烤箱和番茄一起烤30分钟，直到面包颜色变成浅金色并酥脆。把面包放在一个大碗里，番茄放置至冷却。

同时，用火钳夹住灯笼椒在开放的瓦斯炉火上烤，不时地翻转一下，直至皮都烤焦。将烤好的灯笼椒放在一个大碗里，盖上保鲜膜放凉至可以用手触摸，然后剥去烤焦的灯笼椒皮。切去内核和里面的白色隔膜，去子，切成细条。

将灯笼椒放在一个小碗里，加入1茶匙特级初榨橄榄油，把油揉搓进灯笼椒肉里，放在一边备用。

把制作沙拉酱汁所需的食材在小碗里搅拌。将沙拉酱汁倒在烤面包块上翻拌均匀，然后用漏勺把面包捞出放入浅盘里，保留沙拉酱汁。

把烤番茄、沥过油的灯笼椒条、马苏里拉奶酪、酸豆和罗勒放入浅盘里，淋上沙拉酱汁，翻拌均匀，在上桌前用盐和胡椒调味。

北非库斯库斯色拉 佐 慢烤番茄

COUSCOUS salad with slow-roasted *tomatoes*, *chickpeas* and SOFT-BOILED EGGS

在烤箱里长时间慢慢烤出来的番茄风味十足。如果可以的话，我喜欢用熟透的番茄，因为从番茄蒂处散发出的浓郁香气简直让人窒息。其实，慢烤可以发掘出任何番茄的美味，所以你可以用香味不是那么浓的普通番茄。我不是去买那种半干番茄，而是用预热至100℃的风机烤箱慢烤新鲜罗马番茄3个小时，然后将它们放在消毒过的罐子里（见第11页），倒入特级初榨橄榄油隔绝空气保存在冰箱里，供平时取用。

这个方子里，我煮鸡蛋大约用了5分钟，这样的话蛋白凝固且蛋黄软软的，呈胶质状态。

No. 94

8个小的熟透的番茄，每个切4瓣
橄榄油，烹饪用
海盐和现磨黑胡椒
1¼杯（250克）库斯库斯
1小块黄油
1听400克的鹰嘴豆，捞出冲洗
1瓣大蒜，研碎
1茶匙孜然
3大匙南瓜子
碎茴香籽

6人份配菜

3～4个散养鸡蛋，溏心，纵向剖开
1小把罗勒叶

辣味酸奶沙拉酱汁

1杯（280克）天然酸奶
1茶匙磨碎的孜然
1大匙柠檬汁
1茶匙特级初榨橄榄油
现磨黑胡椒

烤箱开风机预热至140℃。

在烤盘上放上番茄，淋一点橄榄油，用盐和胡椒调味，烤1~1.5小时，直至番茄焦糖化并缩起来为宜。

在碗里放入库斯库斯，加一小块黄油和一小撮盐，然后倒入没过库斯库斯的开水。盖上保鲜膜放置5分钟，直至所有的水分被库斯库斯吸收。用一把小叉子拨动库斯库斯让其蓬松，然后用盐和胡椒调味。

同时，在深煎锅里加热1茶匙橄榄油，将鹰嘴豆、大蒜、孜然粉、南瓜子和茴香籽放进去，调味并翻拌均匀，然后在低火上煮10分钟，不时地翻炒一下，直至鹰嘴豆变金黄并且外皮微微焦脆。关火，和烤过的番茄一起加入库斯库斯里。轻轻翻拌，然后放入盘子里。

将制作沙拉酱汁的所有食材在一个小碗里拌匀。

在沙拉的上面撒上鸡蛋和罗勒叶，然后淋上沙拉酱汁上桌。

这是一道和鱼类菜肴搭配非常美味的沙拉，比如搭配水煮三文鱼。我用的是新鲜小土豆，在烹饪的时候，它们能很好地保持形状。没有的话，用一个大土豆也是可以的。如果你没有西洋菜，当然也可以用芝麻菜代替。

如果芦笋不当季，可以用新鲜的豆角在沸水中烫一两分钟之后切小块来替代。

迷你土豆芦笋沙拉

Baby potatoes with ASPARAGUS and caper dressing

10个中等偏小的小土豆（大约750克）
1茶匙细盐
1大把细芦笋（大约10根），去除老硬的根部，嫩芽部分切成2厘米长的小段
1小把西洋菜叶，洗净撕开

酸豆沙拉酱汁
100毫升特级初榨橄榄油
2大匙柠檬汁
¼杯（50克）咸味酸豆，冲洗并且细细切碎
1把莳萝叶，切碎
海盐和现磨黑胡椒

在大炖锅里装半锅的冷水，放入土豆和盐。煮开，然后调到中火再炖20分钟直至土豆被煮熟。捞出完全冷却，然后切半，或者切成4等份（根据它们的大小决定，切成一口能吃掉的大小）。

同时，在一个中号炖锅里装半锅水，煮开之后放入芦笋。煮2~3分钟后捞出，立刻投入一碗冰水中。

把制作沙拉酱汁的食材在一个小碗里搅拌均匀并用盐和胡椒调味。

把土豆和芦笋放进一个大碗里，用一半沙拉酱汁拌匀，倒入一个大平盘中。撒上撕开的西洋菜叶，淋上剩下的沙拉酱汁，上桌。

4人份配菜

藜麦小扁豆沙拉佐海路米软芝士

Quinoa and LENTIL SALAD with asparagus, mint and haloumi

海路米软芝士是一种拌沙拉的好材料，它富含钙质并且低脂。我喜爱它像肉一样的口感和致密的质地，虽然吃起来有点弹牙。把它切成条煎来吃尤其美味。为了使它具有不一样的风味，我把一整条海路米放在青柠汁里腌泡，然后整个放在煎锅里煎，最后再切条装盘。这样做出来的乳酪外面焦脆，里面却如奶油般顺滑。

1杯（200克）嫩（法式）小扁豆
1大匙橄榄油
1大匙红酒醋
海盐和现磨黑胡椒
1杯（100克）藜麦，冲洗干净
16个芦笋嫩芽，去老硬的尾部，嫩芽部分切成2.5厘米长的段
1块180克的海路米芝士，切成薄片
2个青柠的汁和青柠皮细屑，另备一些青柠角，装盘时用
1小篮樱桃番茄，每个切成4等份
3根青葱，去根后切成葱末
1根长青椒，去籽，切成薄片
1大把薄荷叶，大致切一下
欧包，装盘用

2人份主菜或者4人份配菜

把小扁豆和3杯（750毫升）冷水放入小炖锅里，煮开，转小火炖25分钟直至煮熟（扁豆变得松软但还是很有嚼劲）。捞出，在冷水下冲一下。放在大碗里，等完全冷却后加入1大匙橄榄油和红酒醋，用盐和胡椒调味拌匀。

同时，将藜麦和2杯（500毫升）冷水放进另一小炖锅里，煮开，转小火煮10~15分钟，直至水变少且藜麦变得半透明。把锅从火上移开，用叉子把藜麦翻松，和小扁豆一起倒入碗里。

在小炖锅里加入半锅水，煮开后加入芦笋。煮2~3分钟，至煮熟后捞出，立即投入装着冰水的碗里。再次捞出，放入装着小扁豆和藜麦的碗里。

用中火加热一个烤盘锅，然后加入海路米芝士，淋上青柠汁，然后煎烤2~3分钟至芝士全部变为焦脆。把芝士切成小块和番茄、青葱、薄荷、青柠皮屑一起加到小扁豆碗里，用盐和胡椒调味。

同准备好的青柠角和欧包一起装盘上桌。

薄荷野米沙拉 佐 苹果醋沙拉酱汁

Wild rice,
mint and
chickpea salad
with
APPLE
CIDER
DRESSING

这道沙拉做好以后隔夜再品尝更加美味，只要做好以后放在冰箱里面冷藏一夜即可。我喜欢有嚼头的米混合着薄荷的那种质感。不要吝啬，在里面多放些肉豆蔻：它令这道沙拉锦上添花，就像孜然和鹰嘴豆在一起会更好吃一样。这款沙拉搭配羊肉或者猪肉都非常适口。

1杯（200克）野生稻米
2杯（400克）糙米，凉水冲洗干净，然后沥干
海盐和现磨黑胡椒
2听400克的鹰嘴豆，捞出冲洗干净
1大把薄荷叶，大致切一下
1大把扁叶欧芹叶，大致切一下
半茶匙现磨的肉豆蔻

苹果醋沙拉酱汁
¼杯（60毫升）苹果酒醋
2大匙特级初榨橄榄油

4人份配菜

在中号炖锅里将1.5升冷水煮开，加入野生稻米，转小火煮40~45分钟直至米粒有坚果般稍硬的口感，捞出后冷却。

同时，在大号炖锅里放2升冷水煮开，放入糙米并搅拌。转中火煮30分钟，然后捞出沥水。再倒回锅里，盖上盖子放置10分钟，用叉子翻松。最后用盐和黑胡椒调味，放凉。

把冷却的米倒入大碗，然后加入鹰嘴豆、香草和肉豆蔻，用盐和胡椒调味。

把沙拉酱汁材料放在一起搅拌，倒入混合米中。翻拌均匀，放入冰箱冷藏待用。

撒丁岛鱼子意面沙拉 佐 培根青豆

Fregola salad with BACON, baby peas and preserved lemon

我第一次吃这种鱼子意面（Fregola）就上瘾了。这种小小的、圆圆的、粗麦粉制作的意面起源于撒丁岛，和以色列库斯库斯很像（所以你可以用以色列库斯库斯来替代），与柠檬、番茄是绝配。这道沙拉里的培根用烟熏三文鱼片或者吃剩的烤鸡肉替代也是很美味的。

半杯（70克）杏仁片
1茶匙细盐
橄榄油，烹饪用
1杯（175克）鱼子意面
1杯（120克）冻青豆
6～8片散养猪肉培根，去肥肉和皮，切成极细的小丁
半个柠檬的汁
1～2大匙特级初榨橄榄油
海盐和现磨黑胡椒
1片渍柠檬，去除果肉，皮冲洗干净，然后切成极细的小丁
半根大黄瓜，切成极细的小丁
1杯（100克）乳清乳酪或者波斯菲达芝士
1大匙黑芝麻碎
1小把薄荷叶，撕开
1小把扁叶欧芹叶，切碎

2人份主菜或者4人份配菜

烤箱开风机预热至180℃。

在烤盘上撒杏仁片，烘烤5~6分钟直至杏仁片呈金棕色，然后放置一边。

在一个中等炖锅里放半锅水，然后加入盐和橄榄油，煮开。放入意面用中火炖9分钟。加入冻青豆，再煮3分钟。沥干后用冷水好好冲洗。在煎培根的时候，把意面和青豆放在漏勺或筛里沥干水分。

用一只煎锅加热一大匙油，把培根煎10分钟直至金黄酥脆，然后放在一边，在纸巾上沥去油分。

把意面和青豆放在一个大碗里。在杯子里将柠檬汁和特级初榨橄榄油搅拌均匀并倒在意面上，然后用盐和胡椒调味。加入培根、渍柠檬皮、黄瓜、杏仁片、奶酪、黑芝麻碎和香草，用一点胡椒调味。

轻轻翻拌所有的食材，然后上桌。

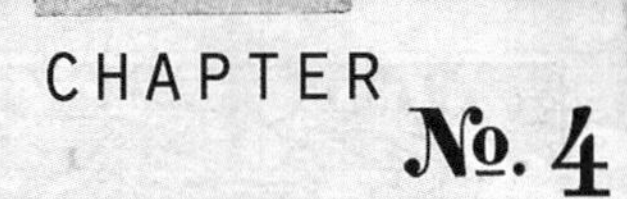

CHAPTER № 4

CANAPES & DRINKS

点心和饮品

Cadbury's Chocolate

自制汉堡是我最爱的食物之一，但汉堡背负了个不健康食品的坏名声，我想那不太公平。如果是用优质的绿色的瘦肉做，再加入很多新鲜沙拉蔬菜，它们也不会那么不健康。这些小汉堡通常是鸡尾酒会的大赢家，面包可以前一天晚上做好，然后在你要用的时候再烤一下。

2大匙橄榄油
1只棕色或者白色洋葱，切成细丁
2大粒蒜瓣，碾碎
500克瘦散养牛肉泥
500克瘦散养猪肉泥
1大匙芥末籽
1大匙TABASCO或者类似的辣椒酱
2大匙意大利黑醋
2大匙酸豆，洗净并且细细切碎
¼茶匙干辣椒碎
1根长红椒，去籽，细细切碎
1大匙切碎的扁叶欧芹
海盐和现磨黑胡椒
生菜叶、切片奶酪、切片洋葱和辣味番茄酱备用（参见228页）

迷你布里欧包（mini brioche）
200克无盐黄油，室温
1大匙半细砂糖
4个散养鸡蛋
3¾杯（600克）高筋面粉
半茶匙速溶干酵母
1茶匙细盐
1杯（250毫升）全脂牛奶，温热，另外再备1大匙牛奶
1小把芝麻

健康迷你汉堡

BEEF and pork sliders

12只

做布里欧包。把黄油、糖和3个鸡蛋在一个大搅拌碗里搅打，加入面粉、酵母和盐混合均匀。中间挖一个坑，然后把牛奶倒在坑里，用手和匀，面团会变得特别黏但是不要再加面粉。在搅拌碗上覆盖一条潮湿的毛巾，放在温暖的地方发酵2小时。

用拳头捶打发好面团的中央，然后在撒了少许面粉的料理台上轻轻揉1~2分钟。双手沾上面粉，把面团平分成12份，把它们搓成球状。放在一个撒了面粉的烤盘里，然后盖上一块湿毛巾放在温暖的地方再发酵1个小时。

烤箱开风机预热至180℃。

将剩下的鸡蛋和另备的1大匙牛奶混合，用刷子在面团上刷上厚厚的鸡蛋牛奶混合液，然后在上面撒上芝麻。烤20~30分钟至表面金黄熟透。

同时，在煎锅里放入2大匙橄榄油加热，加入洋葱煎3分钟，再加入大蒜煎5分钟直至洋葱变软。把煎锅从火上移开，冷却10分钟。

在搅拌碗里放入牛肉、猪肉、芥末、TABASCO辣椒酱、意大利黑醋、酸豆、辣椒碎、长红椒、欧芹、1茶匙海盐和一些胡椒，用手搅拌均匀。加入冷却的洋葱和蒜，再搅拌均匀。

将搅拌好的肉糜分成12个肉饼——大约每个1/3杯（4大匙）的量，放入烤盘在冰箱里冷藏至少2个小时。然后按照自己的喜好在烤架、烤盘上或者煎锅里烤熟肉饼。

把肉饼同生菜叶、奶酪、切片洋葱和辣番茄酱一起夹在迷你布里欧包里。如果你喜欢，可以插入牙签固定，同剩下的番茄酱一起端上桌。

Cadbury's Chocolate
ETA
BRAND
PRODUCTS

生姜苹果伏特加鸡尾酒

Apple, ginger and cranberry VODKA COCKTAIL

几年前，在我去纽约看朋友的时候，
我买了一瓶Absolut布鲁克林限量版，
这是一种苹果和生姜味的伏特加，
印着典型布鲁克林建筑标签的瓶子看起来感觉特别酷。

晚上我们坐在我朋友家房顶上品着这酒，遥望着远处夜色中的帝国大厦，
有说不出的惬意。美妙的记忆，是我制造这道鸡尾酒的灵感。

2杯（500毫升）苹果汁（如果可以，用带果肉的）
2杯（500毫升）蔓越莓汁
100毫升伏特加
2杯（500毫升）姜汁汽水
冰块

在搅拌机里倒入苹果汁、蔓越莓汁和伏特加，
搅拌至呈淡粉色起泡。
倒入一个大罐子里，
加入姜汁汽水和一小把冰块。
立即上桌就好啦。

8人份

意大利火腿经过烘烤后的咸味，能与白腰果糊那柠檬味的口感形成绝佳对比。制作这道美食时，可按照个人爱好在豆糊中加一点干辣椒片，也可以在每片小吐司上放些番茄干，能出现更多的风味。豆糊可以在前一天先做好，储存在密封容器中放入冰箱冷藏备用。

25～30只

烤大蒜腰豆面包佐意大利生火腿

ROASTED GARLIC and cannellini bean crostini with prosciutto

3大粒蒜瓣，未剥皮的
2听400克的白腰豆，洗净沥干
1小把新鲜鼠尾草叶，细细切碎，再另备30片整片叶子待装盘时用
1个柠檬的汁和柠檬皮屑
¾杯（150克）波斯菲达芝士
海盐和现磨黑胡椒
12片意大利烟熏火腿
1只法棍，切成薄片
1杯（250毫升）菜籽油
特级初榨橄榄油，淋汁用

烤箱开风机预热至200℃。

将蒜瓣放在一个小烤盘里，在烤箱里烤30~40分钟，直至蒜瓣中心变软，可以用小尖刀刺穿。从烤箱里取出大蒜，将蒜瓣底部切除，把软肉挤捏进大碗。

在这个碗里加入白腰豆、切过的鼠尾草、柠檬皮屑、柠檬汁和山羊奶酪，然后用土豆泥研磨器研成浓厚的糊状。用盐和适量胡椒调味，放置一边。

在热烤架上把意大利熏火腿烤2~3分钟至酥脆，冷却至可以用手触碰后再撕成碎片放置一边。

在小炖锅里用中火把菜籽油烧至高热。一次2~3片分批把鼠尾草叶放在锅里炸20~30秒，直至变成深绿色并且酥脆（一定要注意观察，因为鼠尾草真的很快就会被炸焦）。用漏勺把它们捞起后放在纸巾上沥油。

将法棍片放在加热的烤架上略微烤一下。稍稍放凉，然后每片涂上1勺大蒜豆糊。每一片面包上再放一片火腿，最后以一片脆鼠尾草叶装饰。

将这些小点心摆在平盘上，上桌前淋上少量的特级初榨橄榄油即可。

迷你牛肉培根澳洲肉馅派

Mini BEEF and bacon AUSSIE MEAT PIES

当我2001年第一次去澳大利亚度假的时候，就痴迷于在那里到处都有卖的澳洲肉馅派，以至于我回到都柏林就在想着要开第一家“凯特家澳洲肉馅派公司”。这个计划只进行了1周，在我闷在我的小厨房里试做并吃了整整7天的肉馅派之后宣告结束。不过，我所做过的努力还是有价值的，那就是在我的鸡尾酒会上我做的肉馅派总是最受欢迎（我的秘诀就是肉豆蔻）。为了让这种小点心制作起来更加简单，你需要用12孔的迷你玛芬模。我喜欢把这个和第228页介绍的辣味番茄酱一起配着吃。

1大匙橄榄油
1个洋葱，细细切碎
5片散养猪肉培根，去除肥肉和皮，切成条
500克散养牛肉糜
3大匙伍斯特酱油
1大匙煮烤酱或者棕色酱汁
1满茶匙咖喱粉
1满茶匙新鲜磨碎的肉豆蔻
海盐和现磨黑胡椒
1杯（250毫升）牛肉高汤
1满大匙普通面粉

2片优质酥皮
1个散养鸡蛋，和1大匙牛奶混合
1小把黑芝麻碎
菜籽油喷壶

美味油酥派皮
4杯（600克）普通面粉
250克无盐黄油，冷藏并且切成块
1个散养鸡蛋
1大匙冰水

24只

烤箱开风机预热至200℃。在两只12孔迷你玛芬模子的孔里涂上油。在另外2只迷你玛芬模子的底部涂上油。

先制作酥皮。把面粉和黄油放在固定式电动搅拌机的搅拌碗里，用低速搅打5~6分钟直至混合物呈面包糠状。加入鸡蛋和水，搅拌形成酥皮面团。把面团取出来放在一个撒了少量面粉的料理台上，轻轻揉5分钟，把面团整形为球状，裹上保鲜膜放在冰箱里冷藏30分钟。

把面团擀成3毫米厚薄，切割成24个直径7厘米的圆，依次放入玛芬模子的孔里。在每个面皮上用叉子叉一两下，把空玛芬模子套在垫上面皮的模子上。

放在冰箱里冷冻30分钟，然后在烤箱里烤20分钟直至变成金棕色。从烤箱里取出酥皮冷却。再把烤箱温度调到180℃。

同时在煎锅里用中火加热橄榄油，加入洋葱炒5分钟，加入培根煎至微焦并且酥脆，加入牛肉再炒5分钟直至微焦。加入伍斯特酱油、煮烤酱、咖喱粉、肉豆蔻、盐和胡椒搅拌均匀。加入牛肉高汤煮5分钟，均匀撒上面粉搅拌。调到小火炖15~20分钟直至肉糊变浓稠，从火上移开放在一边冷却。

在酥皮里填入冷却的肉糊，从酥皮面皮上切下24只直径4厘米的圆面皮覆盖在填塞好的派上。如果你喜欢，可以用叉子把边缘压出褶子，然后在上面刷上鸡蛋牛奶混合液，撒上黑芝麻碎。

烤箱里烤20~30分钟直至酥皮烤透变金棕色。

我做这种配饮料的美味一口小点心已经好多年了。我建议你每次都要做2份，因为每次它们都会被瞬间吃光。你可以集中一两天做一批，然后把它们储藏在密封罐里，需要的时候再拿出来。

No. 116

帕玛森干酪曲奇 佐 烤番茄香蒜酱

Parmesan cookies with ROASTED TOMATO and pesto

30个大樱桃番茄，切半
橄榄油，烹饪用
海盐和现磨黑胡椒
2粒蒜瓣
200克无盐黄油，软化
1¾杯（260克）普通面粉，过筛
1大匙鲜奶油
1撮干百里香
1¾杯（140克）细细研碎的帕玛森干酪，另外留一点备用
⅔杯（180克）青酱（参见233页）
特级初榨橄榄油
60小枝百里香
60个

烤箱开风机预热至180℃。在两个大烤盘里均匀地撒上面粉，放置一边备用。

把切好的番茄放在一个大烤盘上，切口朝上，淋上橄榄油，用盐和胡椒均匀地调味，烤20~25分钟至变软。同时，将蒜放在一个小烤碗里，淋上橄榄油烤40分钟至变软。取出稍微放凉，挤出软肉，丢掉蒜皮。把烤过的番茄和大蒜放在一边，然后把烤箱的温度调到160℃。

用安有桨式搅拌头的电动搅拌器将面粉和黄油搅打混合，混合物应该类似粗面包糠。加入奶油、烤大蒜、百里香、帕玛森干酪、一撮盐和适量胡椒，继续搅打直至所有的食材完全混合。

把搅拌好的面团放在撒了面粉的料理台上（面团非常软，但是不要担心，这就是理想状态），上面撒上足够的面粉堆成一个球，包上保鲜膜放在冰箱里冷藏30分钟。

从冰箱里取出面团，在料理台上撒一层面粉（面团仍然太软不好操作，不过别慌，这是我们要的效果），用一个擀面杖，轻轻地把面团擀成5毫米厚的面皮，然后用圆形切刀切成直径3厘米的圆面皮，最后把曲奇面饼放在你准备好的烤盘里。将剩下的面皮收集起来再重复以上程序直至面被用完。

在曲奇上撒一点点备用的帕玛森干酪，再用一些胡椒调味，烤25~30分钟直至表面稍稍变为金棕色，底部变硬。取出，完全冷却待用。

下面来组合这些小点心。在每个曲奇的中央放半茶匙青酱，再放上半个烤番茄，淋上一两滴特级初榨橄榄油，然后装点上1小枝百里香，最后撒一些帕玛森干酪屑即可。

这是一道令人欲罢不能的小点心，灵感来自于多年前我在芝加哥的一家牛排店吃到的一道开胃菜。我的脑海里总是浮现出这些淋上漂亮粉色酱汁的小小蟹肉丸子。经过几年的试验，我终于做出了和我希望的非常接近的味道。你可以提前把这些蟹肉小丸子做好，它们经过油煎之后能被很好地保存（让我惊奇的是只要保存在密封罐里，并且不要放在冰箱里，它们就不会变软）。你可能会比较喜欢像我这样用牙签或者烤签把它们串起来摆上桌，这样可以方便客人取用。

蓝蟹肉丸 佐 辣味蛋黄酱

blue swimmer crab cakes with HOT PINK MAYONNAISE

1个散养蛋
1杯（70克）PANKO面包糠（日式面包粉）
2～3杯（500～700毫克）菜籽油或者花生油

蓝蟹肉丸
250克花蟹或者其他新鲜蟹肉
1根长红椒，去籽，细细切碎
2根青葱，去根后切碎
1个柠檬的汁和柠檬皮屑
2个散养鸡蛋，煮熟透，然后细细切碎
1杯（70克）PANKO面包糠（日式面包粉）
半杯小酸黄瓜，细细切碎
1大匙酸豆，洗净后细细切碎
1小把香菜叶，细细切碎
1小把扁叶欧芹叶，细细切碎
1个散养蛋，搅打一下
海盐和现磨黑胡椒

辣味蛋黄酱
半杯（150克）蛋黄酱
1大匙番茄沙司
1大匙番茄膏（无颗粒）
半茶匙辣椒粉（CAYENNE PEPPER）
半个青柠的汁

24个

先做蟹肉小丸子的内馅。把所有内馅食材放在一个大碗里搅拌均匀。

舀1茶匙的填料做成一个球的形状，大约如一个核桃大小，放在一个大烤盘上，然后轻轻地按扁一点。继续把所有的内馅都做完，保留一点点（大约1/4茶匙）用于测试油温。大概可以做24个丸子。

在一个小碗里打鸡蛋，在另一个小碗里放入面包糠。将每个蟹肉小丸子先放在蛋液里蘸一下，再放在面包糠里滚几下直到表面全部都裹上面包糠，然后放回烤盘里。

在中号炖锅里倒上油后用中火加热，放入保留的那点蟹肉馅测试一下油温，油温应该热到蟹肉球一浮起来就很快变成金黄色的程度。一次可以炸2~3个小丸子，炸大约1分钟表面呈金棕色，然后用漏勺沥干放在一旁的纸巾上沥油。待蟹肉丸稍稍冷却，在每个上面插进一根牙签或者烤签。

把制作蛋黄酱的食材放在一个小碗里混合均匀。

把蟹肉小丸子放在一个垫着烘焙纸的大平盘里，旁边放上辣味蛋黄酱。

石首鱼刺身佐海苔醋

Kingfish sashimi with SEAWEED VINEGAR DRESSING

我可以一直吃石首鱼刺身直到完全吃不下。我是多么幸运能够住在离悉尼水产市场只有5分钟路程的地方，一年中的任何一天，只要我想，就可以从那里买到最新鲜美味的鱼。这道菜是几年前我为我的生日派对准备的。它非常简单，很容易操作并且满满都是鲜美的味道。只是一定要保证你买的是顶级刺身用鱼肉，并且用非常锋利的刀来做料理。

750克刺身用石首鱼柳，削成薄片
切碎的长红椒和芝麻，装盘时用

海苔醋
1大匙米酒醋
1大匙苹果酒醋
⅓杯（80毫升）淡味酱油
2大匙芝麻油
2根长红椒，细细切碎
1大根青葱，去根后切碎
1片海苔，弄成碎片

先做沙拉酱汁。将醋、酱油和芝麻油在小碗里用叉子混合均匀。加入辣椒、青葱和芝麻，放在冰箱里浸泡30分钟。

在每个小盘里放2~3片鱼肉，舀1~2茶匙沙拉酱汁淋在鱼肉上，再撒上红椒和芝麻即可。

约可做40份

这道菜是我丈夫Mick最爱的早餐料理。班尼迪克蛋，它的独特之处是用了我妈妈的配方制作的司康（绝对是这世上最好吃的）、煎鹌鹑蛋和我儿时吃过的最好吃的老式调味酱——亨氏沙拉酱，而不是荷兰酱。相信我，这几样搭配在一起的结果非常美味。小小的煎鹌鹑蛋通常会引起一众人等的惊叹，因为它们实在太可爱，也十分容易完美成型。

Mini eggs BENEDICT 迷你班尼迪克蛋

3⅓杯（500克）普通面粉
1茶匙小苏打
2茶匙塔塔粉
1茶匙海盐
120克冷藏过的黄油，切成小块
20克细砂糖
2个散养鸡蛋，1只打散，1只和1大匙牛奶混合
270毫升牛奶
8片淡味意大利培根，细细切碎
橄榄油，煎蛋用
24个鹌鹑蛋
⅓杯（80毫升）亨氏沙拉酱
TABASCO辣椒酱或者类似辣椒酱，按口味添加
海盐和现磨黑胡椒
百里香叶，装盘用

24份

烤箱开风机预热至180℃。把面粉、苏打粉、塔塔粉和盐筛入大搅拌碗里，加进黄油，用指尖搓碎直至混合粉呈细面包糠的状态，再加进糖充分混合。

将打好的鸡蛋和牛奶在一个罐子里混合，然后倒入刚才的碗里，搅拌均匀。把混合好的面倒在撒了面粉的料理台上，轻轻揉成一个光滑的面团。用擀面杖把面团擀成2厘米厚的面饼，用直径3厘米的圆形切刀切出司康的形状，直到把面团用完。应该可以得到24个司康。把司康放在一个撒了面粉的烤盘里，刷上鸡蛋牛奶混合液，烘烤10~12分钟直至表面金黄，然后放在架子上冷却。

同时，用煎锅把油加热，放入意式培根煎5分钟直至酥脆。把意式培根捞出放在纸巾上，把多余的油吸掉，然后撕成和司康差不多大小的肉片，放在一边。

在不粘煎锅里放入2大匙橄榄油，分批（一般一个标准尺寸的煎锅一次性可以煎8只鹌鹑蛋）用低火炸鹌鹑蛋5~7分钟，直至蛋白熟透、蛋黄颜色透亮但未完全凝固（如果需要，过程中可以再加一些油）。将煎好的鹌鹑蛋装在盘子里，也可以用切司康的切刀把鹌鹑蛋切成和司康一样的形状。

把沙拉酱和稍许TABASCO酱混合，放置一边。

小心地把每片司康的顶部切下一薄层，然后将留下的司康底放在一个大平盘里，上面放上意式培根、一只煎鹌鹑蛋和一小团混合沙拉酱。

撒上盐和胡椒，最后以百里香装饰即可。

玛德琳自制浓缩柠檬糖浆

Madeleine's homemade LEMONADE CORDIAL

这是我的助理玛德琳告诉我的她祖母传给她的方子。
这种酸甜完美比例的糖浆，和苏打水混起来喝超级美味，
你还可以根据喜好加点伏特加。

4杯（880克）细砂糖
5个柠檬的柠檬碎
7个柠檬的柠檬汁（大约有2杯，500毫升）
柠檬片和薄荷叶，装饰用
苏打水和冰块

可以做1升

将糖和2杯（500毫升）水放在中号炖锅里，用中火煮至糖全部融化。煮开然后用大火煮15分钟，直至糖水成为薄薄的糖浆状。把炖锅从火上移开，放入柠檬皮屑和柠檬汁搅拌，倒入罐子里。盖上盖子放入冰箱冷藏至少5个小时。

拿出熬好的浓缩糖浆，过滤后倒入消毒过的密封瓶或罐里（参见第11页），在每个瓶子里放入一些柠檬片和一小把柠檬叶。需要的时候，将1份浓缩糖浆和5份苏打水混合，然后放入冰块。

迷你苹果猪肉面包卷

Mini pork, apple and pistachio SAUSAGE ROLLS

谁会不喜欢老式千层香肠酥饼卷蘸一大堆番茄酱的美味呢？你可以提前准备好这些在鸡尾酒会上极受欢迎的小点心，肉糜里加入了苹果和开心果吃起来风味独特。宵夜时分把这些小点心一端上桌，就会立刻被席卷一空。

1大匙橄榄油
1个紫洋葱，切小丁
海盐和现磨黑胡椒
2粒蒜瓣，磨碎
500克散养猪肉糜
100克开心果，大致切一下
2个青苹果，去皮，去核，压碎
2大匙芥末籽
1大匙苹果酒醋
1大匙细细切碎的扁叶欧芹
6张千层饼皮（大约25厘米×25厘米）
1个散养鸡蛋和1大匙牛奶打散混合
1小把黑芝麻碎

90个

烤箱开风机预热至200℃。

在大炖锅里用中火加热橄榄油，加入洋葱和一撮盐炒5分钟直至洋葱变软变半透明。加入大蒜继续再煮5分钟，不时地搅拌一下。把锅从火上移开，完全冷却。

把猪肉糜放在一个大的搅拌碗里，加入开心果、苹果、芥末、醋、欧芹以及冷却过后的洋葱和大蒜，用盐和适量黑胡椒调味，用手混合均匀。

把一张酥皮切成3张大约8厘米宽的条状面皮，再把每条面皮截成5厘米长的面片。把面片放在料理台上，在每张面皮的一端填放1茶匙的馅料。将面皮卷起，把馅料裹在里面，然后用蛋液封口。重复以上工作直至用完所有的馅料，大概可以做90个卷。

在每个卷上刷剩下的蛋液，然后撒上黑芝麻碎。

烤30分钟直至变金黄焦脆，趁热端上桌。

CHAPTER №. 5

DINNERS

晚餐

2000年，我在芝加哥为一个我所遇到的最好的一个老板做平面设计。一天工作到很晚，他对留我们工作到这么晚表示歉意，并且要为我们订晚餐吃。他问我最喜欢的晚餐是什么。我回答说是烤鸡配着烤土豆，肚子里填着馅料，上面淋着美味的汁的那种——我是参照我妈妈做的那种烤鸡说的。但当他打了所有芝加哥的外卖饭店问有没有这样一道菜提供的时候，我真的是惊得目瞪口呆。最终他也没有找到一家卖这道餐的饭店，不过我还是被他感动到了。这是关于我最喜欢的一道菜的酸涩回忆。

烤鸡佐柠檬奶油汁

ROAST chicken with lemon cream gravy

1只1.5千克重的散养鸡（如果可以的话，最好是有机的）
3大块黄油，室温软化
海盐和现磨黑胡椒
4个柠檬，切半或者切成4等份
2片腌柠檬
3头大蒜，1头把蒜瓣剥开，2头纵向切半
4枝迷迭香
橄榄油或者菜油，淋汁用
2杯（500毫升）鸡高汤
1杯（250毫升）奶油
半个柠檬的汁

4人份

烤箱开风机预热至180℃。

把鸡放在干净的料理台上，然后用手轻轻地从胸部开始把皮弄松，使皮和肉之间产生空隙。

取2块软化的黄油，轻轻地塞入皮和肉之间，然后把它抹在肉上。取剩下的黄油涂抹在整个表皮上，用盐和胡椒给鸡肉调味，然后放入一个可直接加热的大烤盘里。

在鸡的胸腔里放入4块柠檬块、腌柠檬、一半没剥皮的蒜瓣和1~2枝迷迭香。在鸡的周围撒上剩下的柠檬块、没剥皮的蒜瓣和切半的蒜头，把剩下的迷迭香叶从枝上扯下来，撒在鸡身上。再用盐和胡椒调味，淋上足够的橄榄油或者菜油。

将烤盘放入烤箱烤30分钟，把烤过的柠檬块的汁挤在鸡肉上再烤30分钟，直至鸡熟透（测试熟透与否，用烤肉叉刺穿大腿部分挤出汁水在勺子里，如果汁水是清的，就是熟了）。从烤箱里取出，把鸡放在大平盘里，外面松松地包一层锡纸然后放置10分钟，利用这个时间做酱汁。

把烤盘放在瓦斯炉上小火加热，加入鸡高汤然后稍微煨一下。用球形搅拌器将烤肉汁和鸡汤混合，把烤罐底部的东西都刮下来（这些东西会使你的酱汁更加美味）。不时搅拌一下，加进奶油和柠檬汁，用盐和胡椒调味。如果你喜欢丝滑质感的酱汁，就把做好的酱汁在一个细筛上过一下，趁热淋在切好的鸡肉上。

Beef and Guinness pie

爱尔兰黑啤牛肉派

对任何一个爱尔兰人来说，如果自己写的烹饪书里面都不出现那个“黑色东西”做的料理，实在枉为爱尔兰人。我并不是很喜欢喝健力士黑啤，但我喜欢用它来做好吃的菜肉馅料。在做巧克力蛋糕的时候放一些也非常棒，不过它在我的另一本书里……

750克散养炖用牛肉或者牛肩肉，切成一口能吃掉大小的块
2满大匙普通面粉
2大匙橄榄油
1个洋葱，切丁
4粒蒜瓣，碾碎
1根胡萝卜，切丁
2根芹菜，切丁
1杯半（375毫升）牛肉高汤
3杯（750毫升）爱尔兰啤酒
1听400克的切碎的番茄
3大匙伍斯特酱油
3大匙棕色酱汁，比如HP酱
迷迭香、百里香和扁叶欧芹各1小把，细细切碎
海盐和现磨黑胡椒
1张高质量的酥皮面饼
1个散养鸡蛋的蛋黄和一点点牛奶混合均匀

4～6人份

把切好的牛肉块放在面粉里翻拌，让牛肉薄薄挂一层粉。

在厚底炖锅里用中火加热1大匙橄榄油，分批把牛肉炸成浅褐色。如果需要，可以再添一点油。把牛肉沥干放在纸巾上。

把剩下的油放入锅里，倒进洋葱和大蒜，煮一会儿直至变软。加入胡萝卜和芹菜，调到中低火再煮5~6分钟。把肉放回锅里，加入高汤、爱尔兰啤酒、番茄罐头、伍斯特酱油、棕色酱汁和切碎的香草，搅拌均匀。调味后尝味道，然后煮开。打开盖子，将火调低煨1个小时直至肉煮软、汤汁收稠。不时搅拌一下，然后撇去浮在表面的油脂末。

从火上移开锅，用勺子把锅里的东西舀到一个直径18厘米的罐或派盘里，放置冷却。

烤箱开风机预热至180℃。用水刷一下罐子或者派盘的边缘，然后轻轻地把酥皮饼覆盖在上面，捏住边缘以封口（你可以卷起酥皮以制造一种装饰效果的边缘）。把蛋液刷在整个的酥皮上，放入烤箱烤30~40分钟直至酥皮发起变棕黄色。趁热端上桌。

脆皮果香猪里脊

ROAST PORK with apple, apricot and pistachio stuffing

对于我来说，好的烤猪肉就意味着脆皮，要烤出好的脆皮则需要注意几点。

用纸巾把皮拍干，一定要保证尽可能的干燥。在皮上划口子，注意不要切到肉的部分，快要切到肥肉的部分就要停下来（也有人说不用切那么深，不过对我来说这样也可以的）。

最后把盐揉进切口里，放入烤箱之前不要在上面淋油。

2千克散养猪里脊肉，带皮
海盐

苹果、杏子和开心果馅料
1大匙橄榄油
1个红洋葱，切小丁
3粒蒜瓣，碾碎
250克杏干，大致切一下
3个青苹果，去皮，去核并且弄碎
1杯（140克）去壳的开心果，大致切一下
扁叶欧芹、百里香和鼠尾草叶各1小把，细细切碎
4杯（280克）新鲜酸酵母面包糠
50克黄油，融化
海盐和现磨黑胡椒
6～8个小苹果

6～8人份

烤箱开风机预热至240℃。

先做馅料。在大炖锅里用中火把橄榄油加热，加入洋葱和大蒜煮5~7分钟直到稍微变软。从火上移开，冷却。

把杏干、苹果、开心果、香草、面包糠和融化的黄油放进一个碗里，加入冷却之后的洋葱混合物搅拌均匀，用盐和胡椒调味。

把猪肉里脊放在一个干净的料理台上，皮朝上，用纸巾把皮拍干。用一个非常尖利的小刀，沿皮纵向每间隔1厘米割一刀。取适量的海盐把它们磨碎在划好的猪皮上，把盐搓进切口里。把盐拍遍猪皮，反转猪肉让肉的一面朝上。用手抓一小把馅料放在猪肉上，把它尽可能往下按，放入尽可能多的馅料，然后卷起里脊肉把馅料围在里面。用一段烹饪麻线拦一下，放在明火用烤盘里，系线的那一段朝下。如果你有的话，可以在猪肉的最厚部分插入一个肉类温度计。

烤30分钟后，将烤箱温度调至180℃再烤30分钟，然后在猪肉旁边放上小苹果。再继续烤30分钟直至猪肉烤熟，苹果烤软（如果猪肉烤熟了，用煮烤叉插一下，挤出的肉汁是清的，或者插上的温度计显示73℃，则表示猪肉已熟）。把猪肉放置20分钟后切开上桌。

凯式鱼派 佐 培根大葱酥顶

Katie's fish pie with CRUNCHY BACON and leek topping

这款非常适口的派在制作上需要花一点工夫，但它真的是一道适合晚宴的菜。你可以在早晨做好所有的准备（甚至前一天晚上也行），然后把组合好的派放入冰箱直至要烹饪的时候再拿出来。培根、大葱和酸豆作为配料可以增加脆脆的口感，不过如果你时间比较紧张，可以不加这些食材。为了增加浓郁的口味，可以配一些优质新鲜的帕玛森干酪碎一起上桌。

2杯（500毫升）牛奶
半茶匙黑胡椒粒
2片干月桂叶
800克深海白鱼肉鱼柳，去皮去骨
250克烟熏黑线鳕鱼柳，去皮去骨
海盐和现磨黑胡椒
2大匙橄榄油
1个红洋葱，切丁
1大根葱，只留下白色部分，去根后洗净切碎
2根芹菜，切薄片
3根青葱，修整过后切薄片
几块黄油，室温软化
细香葱碎和柠檬片

土豆泥

6～8只大个面土豆，切成大块
1茶匙细盐
1大块黄油
3大匙牛奶
3大匙奶油
海盐和白胡椒

培根和大葱配料

菜籽油，油炸用
1根大葱，只留下白色部分，去根，洗净，切碎
2根青葱，去根并且切碎
1大匙咸酸豆，冲洗干净
6片散养猪肉培根，肥肉和皮去掉，切成细碎的小丁

白酱

300毫升奶油
1茶匙细细切碎的扁叶欧芹
1茶匙细细切碎的莳萝
1茶匙细细切碎的龙蒿
1个柠檬的柠檬皮屑
1撮新鲜的磨碎的肉豆蔻
20克黄油
海盐和现磨黑胡椒

6～8人份

翻页继续

凯式鱼派 佐 培根大葱酥顶

Katie's fish pie with CRUNCHY BACON and leek topping continued...

烤箱开风机预热至180℃。

在大炖锅里加半锅冷水，然后加入土豆和盐。煮开，调到中火炖20分钟直至土豆煮熟。捞出，加入黄油、牛奶和奶油，按口味加入盐和胡椒，捣成泥，然后放置一边。

同时，将牛奶、黑胡椒粒和月桂叶放在一个大号广口炖锅里，加热到将要煮开，转低火煨5分钟。加入鱼柳，低火煨10分钟。用勺子撇去表面的奶皮。用漏勺把鱼肉捞出（把牛奶混合液保留住），放在砧板上。当鱼肉冷却到适当的温度，掰成片放入碗中，用胡椒和一小撮盐调味，放置一边。

在一个大号厚底炖锅里加热橄榄油，加入洋葱和一撮盐，用低火煮5分钟直至变软，加入大葱、芹菜和青葱小火煮5~6分钟直至所有的蔬菜都变软。将混合物放入6杯（1.5升）容量的烤盘里（我用了一个35厘米×26厘米的陶瓷派盘），然后均匀地铺平。上面撒上鱼片。

接下来制作白酱。把保留下来的牛奶混合液过筛进小炖锅里，然后加入奶油、香草、柠檬皮屑、肉豆蔻和黄油，根据口味用盐和胡椒调味。在低火上边搅拌边煮至黄油融化，再把煮好的酱均匀地倒在烤盘里的鱼肉上。

取一个裱花袋装上2厘米的裱花嘴，里面填上土豆泥。把土豆泥挤在派饼馅料上（或者用勺子舀上土豆泥均匀地铺在派饼的馅料上，然后用叉子把表面弄粗糙一些），放上一些黄油，然后放入烤箱烤45分钟。

同时制作配料。在一个小号厚底炖锅里倒2.5厘米深的菜籽油，置于中火上煮。加入大葱、青葱和酸豆炸5分钟直到焦脆，用漏勺捞出并放在纸巾上沥干。重新把油加热，放入培根并炸至焦脆。捞出放在纸巾上沥油，用纸巾吸干多余的油分。

45分钟之后把派从烤箱里取出，在上面撒上那些焦脆的配料，然后放回烤箱里再烤2~3分钟。装盘时撒上香葱，同柠檬角一起上桌。

番茄奶油明虾宽面

Fettuccine with prawns, cream and sun-dried tomatoes

我和我丈夫Mick是2000年遇到的。他那时候住在都柏林，是我一个好伙伴Cillian的朋友。我那时候还是单身，Cillian就会经常开玩笑说：“噢，Katie，你会爱上澳洲Mick的！”我的确是“爱上了澳洲Mick”了，5年之后我们在一个可以俯瞰悉尼港的小礼堂结婚了。我喜欢Mick的其中一个原因就是他对烹饪的热爱，从我认识他的那时候起，他就总是在他都柏林租的房子里给我做美味的食物。这就是他为我做的第一道菜。你可以用2块200克的鸡胸肉代替明虾。

3大匙橄榄油
3粒蒜瓣，碾碎
750克生明虾，去皮抽虾线
2～3根青葱，去根后细细切碎
2大匙切碎的罗勒，另外再备一些装盘用
半杯（75克）晒干的番茄，切条
1撮白胡椒
1杯（250毫升）鸡高汤
¾杯（180毫升）苦艾酒
1杯（250毫升）奶油
半杯（40克）帕玛森干酪碎，另备一些装盘用
320克意大利宽面条
现磨黑胡椒
欧包

4人份

在大煎锅里用低火加热橄榄油，放入大蒜炒至发软却不变色。加入明虾略煮几分钟，不时地搅拌一下，直至虾肉变得不透明了。把明虾从煎锅里盛出来，冷却，然后把每只虾都切成3段。

在煎锅里放入青葱、罗勒、番茄干、胡椒、鸡高汤、苦艾酒和奶油，用中大火煮20分钟直至汤汁收干一半。边搅拌边放入帕玛森干酪，再继续煮1~2分钟直至奶酪融化混入汤汁。把明虾放回汤汁里至煮入味，然后保温。

同时在一个大号炖锅里加入盐和水煮开，把意大利宽面条放入煮10~12分钟，直到口感弹牙有嚼劲。捞出沥水。

把意面加进汤汁里，用两把叉子翻拌均匀。用另外备用的帕玛森干酪、罗勒和研磨的黑胡椒作最后的装饰，同欧包一起上桌。

澳洲风味辣汉堡

AUSSIE chilli burgers

我可以很负责任地说这些汉堡是不可思议的美味——我几个对食物都很有鉴赏力的朋友都说这是他们吃过的最好吃的汉堡。我一般用直径10厘米的圆形模具来制作大小均匀的肉饼——我把肉按进模子里，然后取走模具，按照下面说的方法冷藏。你可以在前一天晚上把肉饼做好放入冰箱待用。煎蛋是可选项，不过加上煎蛋可是典型的澳式风味哦！

6个硬皮面包，切半，稍微烤一下
1棵生菜，叶子冲洗沥干
2～3个大的熟透的番茄，切片
黑醋甜菜酱（可选，见第220页）
自制番茄酱（可选，见第228页）和百里香洋葱圈（可选，见第223页），备用
海盐和现磨黑胡椒

牛肉饼
1千克散养牛肉糜
1个大洋葱，切小丁
1茶匙干辣椒碎
2大匙伍斯特酱油
1茶匙辣味英国芥末
1大匙芥末粒
1大匙第戎芥末
1小把扁叶欧芹叶，细细切碎
海盐和现磨黑胡椒

6人份

先做牛肉饼。把所有食材放入大碗，用干净的手搅拌均匀。把肉糜做成6个汉堡肉饼，放在一个垫了纸巾的盘子上，用保鲜膜盖上冷藏待用。

把烤架或者烤盘预热，把肉饼烤至外表棕色、里面是你喜欢的那种程度（我比较偏向半熟）。

把肉饼放在稍微烤过的面包里，放进生菜和番茄，加黑醋甜菜酱、自制番茄酱和洋葱圈。如果你喜欢，还可加入一个煎蛋。

我的婆婆Sheila Davies，是一个出色的女人，我简直爱死她了。她和我公公Bob，都热情地接纳我成为他们家庭的一份子。Mick和我经常回Mt Martha（墨尔本往南1小时车程的美丽的临海的地方）看他们。冬日里那边特别舒适，我们去了，他们就会为我们做美味的家常菜肴，另外还有几瓶上好的澳洲红酒和一堆熊熊燃烧的炉火。这道咖喱是Sheila的最爱。

Sheila特制复古咖喱牛肉

Sheila's retro beef curry (circa 1974)

橄榄油，烹饪用
500克散养牛肩肉或者炖肉用牛肉，切块
3个洋葱，切小丁
1个煮熟的苹果，去皮，去核，切小丁
1大匙咖喱粉
2½大匙普通面粉
2½大匙（625毫升）牛肉高汤
海盐和现磨黑胡椒
1½大匙印度水果酱（FRUIT CHUTNEY），另备一些装盘用
⅓杯（55克）无籽葡萄干
1听400克的切碎番茄罐头
半个柠檬
2杯（400克）印度香米，冷水冲洗干净，沥干
开水
2根香蕉（可选），切片
1小把香菜叶
印度脆饼或是馕以及有机酸奶

4人份

翻页继续

Sheila特制复古咖喱牛肉

Sheila's retro beef curry (circa 1974) continued...

烤箱开风机预热至180℃。

在大号厚底煎锅里用中火加热1½大匙橄榄油，加入一半的牛肉煮6~8分钟直至全部变成褐色。从火上移开，捞出放在纸巾上。再加热1½大匙橄榄油，重复上面的操作煮熟剩下的牛肉，把沥过油的牛肉放入炖锅里。

在煎锅里加热1大匙橄榄油，加入1/3的洋葱和所有的苹果丁煮5分钟直到稍微变软。把煮好的洋葱和苹果加进牛肉里。

在煎锅里撒上咖喱粉煎4~5分钟（如果需要，可以再添一点橄榄油），撒进面粉再煮2~3分钟。一点点地加入牛肉高汤，边加边搅拌以避免结块，煮开之后再煮2~3分钟。用盐和胡椒调味，加入酸辣酱、葡萄干、听装番茄，并挤一点柠檬汁，然后把煮好的汤汁倒在牛肉上。盖上盖子，烤1.5小时直至肉变软并且汤汁稍微收浓。

同时，在一个中号炖锅里用中火加热1大匙橄榄油，加入剩下的洋葱炒5分钟直至洋葱变软。加入米饭，搅拌均匀，用盐和胡椒调味。煎1分钟，不时地搅拌。然后将米饭倒入开水中，开水的量以高出米饭约2厘米为准。把火调至最小，盖紧盖子，煮10分钟（完全不用再去搅拌米饭）。然后关火把锅放在个架子上，盖着盖子，放置5分钟。检查一下米饭是不是煮到你满意的程度，如果需要再熟一点，盖上盖子，再放置5分钟（如果米饭太干，可以往里面再洒一点点开水）。熟了之后，用叉子将米饭翻松。

把咖喱淋在米饭上，上面放上切片的香蕉。如果需要，还可以放花生和香菜。配着水果酱和脆饼或者馕以及酸奶一起上桌。

Pumpkin ravioli with brown-butter SAUCE and roasted pecans

南瓜意大利饺佐棕黄油酱

自己制作意大利面是件有些耗费体力的活儿，但是结果很值得。意面制作机很容易买到而且价钱公道，一旦你开始自己制作新鲜意面，你就停不下来了！

这是我制作意大利饺子最爱的一个组合：甜美的烤南瓜配大量的新鲜鼠尾草同味道香浓且坚果味十足的黄油酱一起。你可以提前一天晚上做好馅料，盖住，冷藏在冰箱里待用。你甚至可以在做之前一两个小时就把饺子包好，把它们放在一个撒了面粉的盘子上，再撒足够的面粉以防止它们粘连在一起。

600克“00”粉（意大利精粉），另备一些撒粉用
6个散养鸡蛋
菜籽油或者菜油，油炸用
1大把鼠尾草叶
粗粒小麦粉，撒粉用
250克黄油

南瓜馅料
半杯（60克）山核桃
500克南瓜，去皮，去子，切成小瓣
4粒蒜瓣，带皮
橄榄油，淋汁用
海盐和现磨黑胡椒
8～10片鼠尾草叶
150克软山羊乳酪
1片白面包，用食品处理机加工成面包糠
1个散养鸡蛋
半茶匙新鲜磨碎的肉豆蔻
50克佩科里诺干酪，磨碎

大约20个意大利饺，4～6人份

翻页继续

南瓜意大利饺佐棕黄油酱

Pumpkin ravioli with brown-butter SAUCE and roasted pecans continued...

烤箱开风机预热至180℃。

先制作馅料。在烤盘上撒山核桃，烤10分钟，烤到一半的时候翻一下。取出，放置一旁。

同时，把南瓜和大蒜放在烤盘里，淋上橄榄油，撒一些盐和胡椒，最上面撒鼠尾草叶，烤35~40分钟直至南瓜变软。冷却到可以用手触碰的程度，去除南瓜皮，把肉放在食品处理机里。把烤过的大蒜肉从蒜瓣中挤出，同山羊奶酪、一半的山核桃（留一半装盘时用）、面包糠、鸡蛋、肉豆蔻、佩科里诺干酪一起放入食品处理机，按口味加入盐和胡椒调味。搅拌直至顺滑，然后放入一个碗里，盖上放入冰箱待用。

在干净的料理台上筛面粉，在面粉堆中央挖一个坑，打进一个鸡蛋，然后用叉子轻轻地搅动鸡蛋把蛋黄搅散。用手把鸡蛋混入面粉形成面团。揉大约10分钟左右，把面团切成4份然后包上保鲜膜。放在冰箱里冷藏15~20分钟。

在小炖锅里倒入1/4的菜籽油或菜油，用中火加热。分批油炸鼠尾草叶大约1分钟直至酥脆（注意叶子在放入热油的时候会突然飞溅出油）。用漏勺捞出并放在纸巾上沥干。

一次拿出一团面来操作，剩下的仍然盖着。把面团分两半。从最后的设定开始操作，一次次更改设定直到把面皮擀得像丝巾那么薄。把每一片放在撒了粗粒麦粉的料理台上，用干净的毛巾覆盖，然后用同样的方法处理剩下的面团直到做好8张意大利面片。

取一片意面片切成10厘米边长的方形。放1小茶匙南瓜馅料在方形面片上，然后在馅料的边缘刷上水。将另一片方形面片盖在上面，用直径大约7厘米的玻璃杯的边缘轻轻地按压封住馅料，赶走气泡。用一个比杯子稍微大一点的圆形切刀（我用一个7.5厘米的切刀），切出饺子放在面粉里。用同样的方法处理剩下的意面直到做出20个饺子（你会用光所有的意面和一半的馅料，剩下的馅料可以密封在密封罐里冷冻待下次用），然后把它们放在撒了粗麦粉的烤盘上待用。

取一个大炖锅，放水，加盐和油煮开。加入饺子煮5~6分钟直到饺子变软。

同时，在小炖锅里用低火融化黄油然后煮至黄油变成浅棕色。

在盘子里放上饺子，然后上面放上剩下的烤山核桃、炸鼠尾草叶和1满匙棕黄油酱。

FARINE
POIDS NET 1 Kg.

辣味萨拉米奶汁通心粉

Creamy macaroni bake with salami and CHILLI

这是一道非常棒的周末晚餐，尤其是在冬季你渴望一顿热腾腾的美味的时候。在放入烤箱烘焙之前，请撒多多的芝士——足够多的芝士会形成金黄酥脆的表面，且口感十足美味！

1篓（250克）樱桃番茄，切半
橄榄油，烹饪用
海盐和现磨黑胡椒
500克通心粉
250克意大利萨拉米肠，切成小片
60克黄油
⅓杯（50克）面粉
1升牛奶
1大把磨碎的帕玛森干酪，另备一些最后撒在表面
1大把磨碎的佩科里诺干酪，另备一些最后撒在表面
1大撮新鲜磨碎的肉豆蔻
½～1茶匙干辣椒碎（酌量添加）
3大匙奶油
1茶匙松露油（可选）
⅓杯（80毫升）白葡萄酒
1小把罗勒叶，撕开
欧包和蔬菜沙拉

6人份

烤箱开风机预热至160℃。

在烤盘里放上樱桃番茄，切口朝上，淋上一点橄榄油，用盐和胡椒调味，然后烘烤30~40分钟。从烤箱里取出放置一边，将烤箱温度调至180℃。

在大号炖锅里装半锅加了盐的水，加足量的橄榄油用高火煮滚开，加入通心粉煮8分钟直至口感弹牙（意面还要在烤箱里继续烤，所以这里不要煮太久）。捞出在冷水里冲洗，然后倒进大的厚底焙烤盘里（或者4个防爆盘里）。在通心粉里另加一些橄榄油搅拌均匀，加入意大利腊肠和烤番茄，再搅拌，用一点盐和许多黑胡椒调味，放置一边。

用中火在一个中号炖锅里融化一块黄油，加入面粉搅拌直至顺滑。煮2分钟，用木勺不时地搅拌一下。把火调到最小，逐渐地加入牛奶，不时地搅动一下直至酱汁变浓呈顺滑奶油状。从火上移开锅，加入帕玛森干酪、佩科里诺干酪、肉豆蔻、干辣椒碎、奶油和松露油，如果需要，再添一点黑胡椒调味。充分混合，同白葡萄酒一起倒入装有通心粉的烤盘，翻拌均匀。搅拌进罗勒叶，然后在最上面撒上足量的帕玛森干酪和佩科里诺干酪。

烤30~40分钟直至起泡，变金棕色且焦脆（如果你喜欢，把烤盘放在一个热的烤架下面一两分钟，这样可以使表面更加酥脆）。

趁热同剩下的帕玛森干酪、欧包卷和蔬菜沙拉一起上桌。

墨西哥鸡肉卷佐墨式辣味美奶滋

GOURMET Chicken Wraps with Chipotte Mayo, CHUNKY SALSA and Salad

我喜欢美国西南部的沙漠地区，这道菜的灵感来自于2011年我待在那边的时候。我尤其喜爱新墨西哥州的墨西哥菜，这里的配方是那些令人食指大动的滋味的凯式版。

在澳洲，大多数的美食店里都有卖听装的墨西哥红辣椒。如果你买不到整个的辣椒，你也可以用辣椒酱替代。大多数的超市里都有罐装的切片墨西哥腌辣椒卖。

2块200克散养鸡胸肉
2个青柠的汁和青柠皮屑，再备一些青柠角，装盘用
1大粒蒜瓣，碾碎
1大匙橄榄油
1大把薄荷叶，大致切一下
海盐和现磨黑胡椒
1大把苜蓿芽
1大把芝麻菜叶，切成细条
1小把香菜叶
8个墨西哥卷饼，稍微热一下
2个牛油果，切半，去核并切片

墨式辣味美奶滋
1个散养鸡蛋黄
1大匙柠檬汁
海盐和现磨黑胡椒
1杯（250毫升）淡橄榄油
2～3听罐装墨西哥红辣椒，细细切碎
2茶匙切片的腌辣椒，细细切碎

墨西哥莎莎酱
4个熟透的番茄，纵向切半，挖出籽，然后将切半的番茄切成4等份
1个紫洋葱，去皮，纵向切半，切半的紫洋葱再切成4等份
1只青灯笼椒，去根，去子后切成大块
海盐和现磨黑胡椒
1½大匙雪利酒醋
2大匙特级初榨橄榄油

你可以用手持搅拌机或者直接用手制作辣味美奶滋。如果用搅拌机，可将所有的食材放进一个罐里，搅打到混合物变成丝滑状，盖上放入冰箱冷藏待用。

如果用手搅拌，把一个干净的搅拌碗放在干净的毛巾上（这样可以固定碗），加入鸡蛋黄、柠檬汁、盐和黑胡椒，充分搅拌。将橄榄油慢慢淋入混合物，不时地混合一下直至油完全融入，蛋黄酱变得浓厚有光泽。尝一下味道，然后混入切碎的墨西哥红辣椒和腌辣椒。盖上放入冰箱待用。

将鸡胸肉放在铺了保鲜膜的料理台上。在鸡胸肉上再盖一层保鲜膜，用擀面杖或者肉锤轻轻捶打鸡肉，打至约1厘米厚。修掉散乱的部分，使形状规整，去除肥肉。丢掉保鲜膜，把鸡肉放在一个浅瓷盘里。

把青柠皮屑、青柠汁、大蒜、橄榄油、薄荷、盐和黑胡椒放在一个小碗里混合。将这个腌料倒在鸡肉上，然后蒙上保鲜膜放入冰箱冷藏30分钟到1个小时。

做沙拉酱汁。将番茄、洋葱和灯笼椒放入一个碗里，用盐和胡椒调味，然后淋入雪利酒醋和特级初榨橄榄油，轻轻翻拌均匀。

把烤盘用中火加热，放入鸡肉和腌料煮5~7分钟。将鸡肉翻过来，再煮5~7分钟直至腌料起泡，鸡肉煮透但肉质仍然松软。把鸡肉取出，切成条。

煮鸡肉的时候，将苜蓿芽、芝麻菜、薄荷和香菜放在一个碗里混合。

将热过的卷饼分放在盘子里，然后将沙拉成条状放在卷饼的3/4处。上面放一两匙的莎莎酱、鸡肉条、1~2片牛油果，最后放上辣味美奶滋。将卷饼的底部往上卷起盖住馅料，然后将左侧折起，再将右侧折起做成个饼袋，和青柠角一起上桌。

4人份

牧羊人派是我妈妈经常制作的一种主食，我们家一周就要吃一次。对我来说，这是永远排在第一位的怀旧食物。很多人都喜欢在这款派里加入胡萝卜丁，但我妈妈不会，我则继承了这个传统。在这个版本的配方里，我会在配料糊里加入甜糯的烤大蒜和浓郁的帕玛森干酪；为了增加浓郁美味的口感，还可以在配料糊里随意添加足量的优质陈年切达奶酪。

牧羊人派佐蒜味芝士酥顶

Shepherd's pie with roasted garlic and CHEESY mash topping

4人份

1大匙橄榄油或者菜籽油
1个红洋葱，切小丁
3粒蒜瓣，碾碎
600克散养牛肉糜
2杯（500毫升）牛肉或者鸡高汤
1½大匙番茄膏（无颗粒）
⅓杯（80毫升）伍斯特酱油
3大匙棕色酱汁，比如HP酱
3大匙煮烤酱
半茶匙新鲜磨碎的肉豆蔻
4枝百里香，捡出叶子，另备一些装盘用
海盐和现磨黑胡椒

蒜味芝士酥顶

3大粒蒜瓣，带皮
海盐和现磨白胡椒
5个大的面土豆，去皮，切半
⅓杯（80毫升）牛奶
2大匙希腊酸奶
50克帕玛森干酪，细细碾碎，另加一些备用

制作配料。烤箱开风机预热至180℃，将3整瓣大蒜放在烤盘里，烤30分钟直至变软。取出冷却，然后挤出烤软的肉，丢掉蒜皮。

烤大蒜的时候，在大号炖锅里装半锅冷水，放入一大撮盐，加入土豆。用高火煮开，然后调到中高火在滚水里煨至土豆煮熟（刀刺一下中心发现是软糯的即可）。如果要得到如奶油般质地的糊，这步非常重要，因为土豆中心只要有一点点硬，你都做不成很顺滑的糊，因为中间总会掺杂一些小硬块。

捞出土豆，然后放回锅里，用土豆捣碎器把土豆捣成泥。使用细孔筛或是压泥器将土豆泥处理至完全顺滑。加入牛奶、酸奶、帕玛森干酪和冷却的烤大蒜，混合均匀。用盐和黑胡椒调味，放入装了星状裱花嘴的裱花袋里（我用的是1厘米的裱花嘴），放置一边待用。

这时，在大号深煎锅或者炖锅中用中火把油加热。加入洋葱煎5分钟，加上大蒜再煮5~7分钟。加入牛肉糜搅拌好，用木勺滑散。煮到牛肉变成棕色，加入高汤、番茄酱、伍斯特酱油、棕色酱汁、煮烤酱、肉豆蔻和百里香叶，搅拌均匀。用盐和胡椒调味之后再煮30~40分钟，不时地搅拌一下，直至汤汁收浓。将煮好的肉酱舀进一个容量为6杯的大烤盘里。

将土豆泥挤在馅料上，撒上另备的帕玛森干酪和胡椒，烤40~50分钟直至土豆泥变金黄。再撒一些帕玛森干酪，如果喜欢，可以另加一些百里香枝趁热上桌。

1杯（150克）普通面粉，过筛
3大匙西班牙辣椒粉（SMOKED PAPRIKA）
海盐和现磨黑胡椒
2块200克散养鸡胸肉，切成一口能吃下的小块
50克黄油，融化
青椒片，碾碎（可选）

柠檬酱汁
⅓杯（80毫升）酱油
¾杯（180毫升）柠檬汁
半杯（125毫升）意大利沙拉酱
1个柠檬的柠檬皮细屑
2大粒蒜瓣，碾碎
海盐和现磨黑胡椒

香草米饭
1大匙橄榄油
1个小红洋葱，切小丁
2杯（400克）香米，冷水冲洗干净，沥干
2根青葱，去根后细细切碎
1小把扁叶欧芹叶，细细切碎
海盐和现磨黑胡椒

2人份

柠檬鸡佐香草饭

Lemon CHICKEN with Herbed Rice

这是一款很棒的冬季周末晚餐，它制作简单，而且你会发现多数的食材都能在家里直接找到。如果你没有很多时间，用店里买的沙拉酱做酱汁的底料是个很好的捷径，也可以为这道菜增加新鲜美妙的滋味。

烤箱开风机预热至200℃。

做柠檬酱。将所有食材和一撮盐、黑胡椒在一个罐子里混合，放在冰箱里冷藏30分钟。

将面粉、辣椒粉、盐和胡椒在一个碗里混合。将鸡肉在调味面粉里翻一下，然后放在一个浅烤盘里。每一片鸡肉上都刷上融化的黄油，烤30分钟。把鸡肉翻过来，在上面均匀地倒上辣椒酱汁，然后把烤箱温度调低至180℃再烤30分钟直至鸡肉煮透、肉质松软。

同时，准备香草米饭。在一个中号炖锅里用中火将油加热，加入洋葱炒5分钟直至变软。加入米饭搅拌均匀，煮1分钟，时常搅拌一下。倒入开水，没过米饭大约2厘米。把火调到最小，用密封盖盖紧，煮10~12分钟（期间不需要再搅拌）。关火，把锅放在架子上，盖着盖子放置10分钟。煮好后立即用叉子把米饭翻松，加入青葱和欧芹，用盐和黑胡椒调味。

把米饭盛到盘子里，上面放上鸡肉和酱汁，撒一些辣椒，上桌。

做好吃的炖饭的关键就是不能让米饭的水分干掉：做的时候要不断地加进热的高汤，不断地搅拌。很多人认为炖饭不适合作为晚宴用餐，因为你会被困在炉子前面一直做饭。其实你可以提前用2/3的高汤把饭煮至半熟，然后把炖饭从炉上拿开，盖上盖子放在一边，要保证里面有足够的汤水且不会变干。在开饭之前，把锅放回炉上煮，放入剩下的高汤，加进蘑菇和羽衣甘蓝。

蘑菇培根意式炖饭 佐 溏心蛋

Mushroom and bacon risotto WITH Poached EGG

1.25升鸡高汤
2大匙橄榄油
200克栗菇，洗净切成4等份
海盐和现磨黑胡椒
55克黄油
250克散养猪肉培根，去皮和肥肉，细细切小丁
1个洋葱，细细切碎
1½杯（300克）香米
100毫升白葡萄酒
半把羽衣甘蓝，去秆，把叶子洗净，切成细条
3~4枝百里香，留叶子
150克帕玛森干酪，100克磨碎，50克刨屑
4个散养鸡蛋
1大匙白醋

4人份

在大号炖锅里倒入鸡高汤煮至沸点，把火调至最小，盖上盖子给鸡汤保温待用。

在大号厚底炖锅或者明火用烤盘里加热1大匙橄榄油，加入蘑菇，用一点点盐调味，在中火上煮5分钟，时常翻炒一下。加入大约1茶匙的黄油，让它融化，然后翻拌蘑菇让黄油全都裹在蘑菇上，从火上移开，放置待用。

在小锅里加热剩下的橄榄油，放入培根，用中火煎炒5分钟直至培根被煮透，稍微变脆。加入洋葱和剩下的黄油，煮5~10分钟直至洋葱变软。加入米，翻拌，直至米饭和培根、洋葱充分混合。加入白葡萄酒继续煨，期间不断搅拌，直至液体稍稍收干一点。

在米饭里加进1满汤勺热高汤，搅拌，煮至水分被米饭完全吸收。继续加高汤，直至锅里只剩1汤勺高汤。

加入蘑菇、羽衣甘蓝、百里香叶，最后加入剩下的高汤，搅拌混合并且按口味用盐和胡椒调味。现在烩饭会呈现奶油般均匀顺滑的状态。当最后一勺高汤被收干的时候，加入帕玛森干酪，然后盖上盖子，在做荷包蛋的时候保温。

在一个浅杯里打进一个鸡蛋。在中号炖锅里加进冷水，在中火上煮开，然后将火调小使水保持在沸点。水中加入白醋，用一个木勺的柄，搅动水使中央产生一个小漩涡，然后小心地放进鸡蛋。当鸡蛋开始成型的时候，用漏勺轻轻地把鸡蛋推在一边。在第一个鸡蛋的左边或者右边轻轻搅起一个小小的漩涡，然后放入第二个鸡蛋。重复同样的过程煮剩下的鸡蛋，煮2~3分钟直至蛋白煮透，然后用漏勺沥干鸡蛋，在纸巾上沥干。

把烩饭盛入碗里，上面放上荷包蛋，最后撒上帕玛森干酪屑即可。

干姜水烤肋排

Barbecued ginger ale pork RIBS

4～6人份

浓稠甜美、弹牙多汁、辛辣刺激……言语难以形容的美味，还是来做个4倍的分量吧！

1千克散养乳猪排骨
海盐和现磨黑胡椒
2大匙意大利黑醋
2大匙黄糖
2大匙酱油
2大匙伍斯特酱油
2大匙煮烤酱
1根长红椒，去籽，细细切碎，另备一些待用
3杯（750毫升）优质干姜水
芝麻，备用（可选）

在大号炖锅里煮开水，加入排骨炖30分钟，撇去所有的浮油。

烤箱开风机预热至140℃。

用夹子把排骨从炖锅夹入一个大烤盘里，用盐和胡椒调味。

在碗里把意大利黑醋、糖、酱油、伍斯特酱油、煮烤酱、辣椒和干姜水混合在一起。把混合酱汁淋在排骨上，放进烤箱里烤2个小时，可以不时地往上面刷一些酱（我通常15分钟刷一次，刷酱越频繁，味道越好。一个半小时之后，酱汁开始收浓，就需要更加频繁地往肉上刷酱——不过你会得到味道喷香、色泽光亮的排骨）。

装盘上桌时在排骨上撒上一点点辣椒、海盐和芝麻即可。

当我还是个孩子的时候，我的爸爸和我经常会去当地的一家披萨店吃饭。我们经常站在门边等位，我会看着厨子把薄薄的有弹性的面饼高高地抛向空中，惊叹不已。我一遍遍地对爸爸说："等我长大了，我要成为一个披萨师傅！"我吃完一个披萨之后还要吞下一个超大冰激凌（装在一个玻璃杯里，看起来比那时候的我都要高的冰激凌），直到现在，我似乎还能闻见那里的香气。我对披萨的爱从来没有消退过，只要是薄底披萨，我就可以靠此度日。你可以一次做2倍或者3倍量的披萨面团，发过之后，分成等量的几份，然后在冰箱里冷冻，供下次使用。

意味莎莎，酸奶芝士披萨

Salsa Verde, Semi-Dried Tomato and Labna Pizza

3大匙酸奶芝士（LABNA/LABNEH）
3大匙捞出的半干番茄
1撮干辣椒粉
半杯（125毫升）特级初榨橄榄油
薄荷和罗勒叶，装饰用
现磨黑胡椒

披萨饼底
1⅔杯（250克）00粉（意式精粉）
1小撮细砂糖
1小撮盐
30毫升橄榄油
1¼茶匙速溶干酵母

意式莎莎酱
2粒蒜瓣，切一下
3大匙酸豆，冲洗干净
3大匙小黄瓜（黄瓜泡菜）
1个长青椒，去籽，细细切碎
1大把扁叶欧芹叶、罗勒叶和薄荷叶
2条白鳀鱼（可选），捞出沥干
¼杯（40克）松子
2大匙红酒醋
1大匙第戎芥末
半杯（125毫升）橄榄油

2个28厘米直径的披萨

先做披萨饼底。把面粉过筛至一个大搅拌碗里，在中央挖一个坑，然后加入半杯（125毫升）水和剩下的材料，用勺子或者叉子轻轻地搅拌。用干净的手揉成个面团，然后放在撒了面粉的料理台上。用力地揉5分钟，揉的时候要拽面团。然后将面团放回碗里，盖上干净潮湿的毛巾放在温暖的地方发酵1个小时至2倍大小。

将面团放在撒了面粉的料理台上，等分成2份，然后将每一份都擀成直径为26厘米的圆饼（这种面团非常有弹性而且非常容易操作，可以做成非常薄的披萨饼底）。将饼底放在刷了油的盘子或者披萨盘上。

烤箱开风机预热至200℃。

来做意式莎莎酱。将所有的食材放在食品处理机里，打成一种浓厚奶油状的酱，然后舀1~2大匙涂抹在每个饼底上。

把酸奶芝士撕成小片撒在饼底上，再撒上半干番茄和辣椒碎，放入烤箱烤15~20分钟直至披萨烤熟变脆。

在做披萨的时候，在剩下的莎莎酱里搅拌进半杯（125毫升）特级初榨橄榄油，使沙拉酱汁变更稀一些。

把披萨从烤箱中取出，撒上薄荷和罗勒叶并用黑胡椒调味，淋上剩下的莎莎酱即可。

2茶匙棕或者黄芥末籽
1大粒蒜瓣，碾碎
2枝薄荷，留叶子然后细细切碎
现磨黑胡椒
1大匙第戎芥末
150克散养有机饲养瘦羔羊里脊肉
橄榄油，烹饪和淋汁用
1个披萨饼底（参见第172页）
半杯（100克）波斯菲达芝士细屑
⅓杯（25克）杏仁片
1～2根长青椒，去籽，细细切碎
海盐

番茄酱
4个熟透的番茄，纵向切半
1大粒蒜瓣，切薄片
1～2大匙黄糖
橄榄油
海盐和现磨黑胡椒
1听400克切碎的番茄
1小撮细砂糖
1小把罗勒叶，撕开
海盐和现磨黑胡椒

薄荷酸奶酱
⅓杯（95克）希腊酸奶
1枝薄荷，留叶子，细细切碎
海盐和现磨黑胡椒

2个28厘米直径的披萨

辣味羊肉披萨佐薄荷酸奶酱 Spiced Lamb Pizza with Mint Yoghurt DRESSING

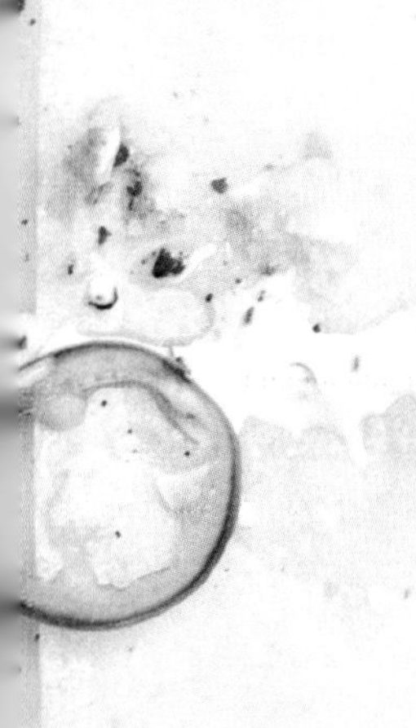

烤箱开风机预热至180℃。

先做番茄酱汁。将番茄放在烤盘里，切口朝上，每半个番茄上面放1片大蒜和1撮黄糖。然后淋上油，用盐和胡椒调味，烤40~50分钟直至番茄变得非常软。

将番茄和汁水放入中号炖锅里，加入听装番茄、细砂糖、罗勒叶和1杯（250毫升）冷水。用低火煨40分钟后从火上移开，将酱汁倒在搅拌机里搅拌几秒钟直至顺滑，放入冰箱冷藏待用。

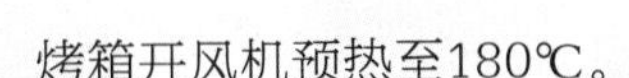

将芥末籽、大蒜、薄荷和1茶匙黑胡椒放入带盖的小容器里，盖上盖子摇匀，然后倒入餐盘。用刀把第戎芥末酱涂抹在整个羊肉上，然后把羊肉放在调味料里滚一下，使每一面都均匀地沾上调料。

在煎锅里加热一大匙橄榄油，放入羊肉煎至表层都变成金棕色。把羊肉拿出，在一边放置10分钟，再用非常锋利的尖刀切成薄片。

同时，把做酸奶沙拉酱的所有食材混合在一起放置一边。

烤箱开风机预热至200℃。

舀番茄酱汁涂抹在整个披萨饼底上（每个饼底大约需要2勺番茄酱汁），在边缘留2厘米的空隙。将羊肉片铺满披萨，上面再放上山羊奶酪。撒上杏仁片和辣椒，用少量盐和适量黑胡椒调味，最后淋上一些油。放入烤箱烤15~20分钟直至披萨饼底完全烤熟变脆。

把披萨分切开，上面淋上酸奶沙拉酱装盘上桌。

No. 176

Mick's PORK and red wine LASAGNE

Mick特制红酒猪肉千层面

让我们先来弄明白一件事——这道菜实际上是我原创的一道千层面，但是这几年Mick做了很多次，而且对配方进行了很大的改进，所以公平地说，这道菜署他的名更合适。我俩都是意大利菜的狂热爱好者，事实上我觉得这是我最爱的食物。大多数时候，比起其他类型的餐厅，我更喜欢选择一家舒适的家庭式意大利餐厅进餐。

很多人坚持认为没有胡萝卜就做不出好的千层面，但是我不太赞成，所以这道菜是没有胡萝卜的。在制作千层面或者意大利面卷的时候我更愿意选干的意面，因为新鲜意面会有那种黏糊糊的口感，我不太喜欢。

250克干千层面
1杯（80克）帕玛森干酪碎
绿叶菜沙拉，备用

猪肉馅料
12个大的熟透的番茄，切半
8大粒蒜瓣，留6瓣整的不剥皮，2瓣切薄片
海盐和现磨黑胡椒
罗勒、牛至和百里香叶各1大把，大致地撕开
1½大匙橄榄油
1个大的红洋葱，切小丁
300克散养猪肉糜
300克散养牛肉糜
1听400克罐装碎番茄
1杯（250毫升）浓红葡萄酒（SHIRAZ or CABERNET SAUVIGNON）
2大匙意大利黑醋

白酱
75克黄油
⅓杯（50克）普通面粉
海盐和现磨黑胡椒
600毫升牛奶，温热
1撮新鲜磨碎的肉豆蔻
1杯（80克）帕玛森干酪碎

6人份

翻页继续

Mick's PORK and red wine LASAGNE continued...

Mick特制红酒猪肉千层面

烤箱开风机预热至160℃。

做猪肉酱。将番茄放在一个烤盘里，切口朝上。每片番茄上放一片大蒜，然后用盐和胡椒调味。在上面撒一半的撕碎的香草，加入剩下的（没剥皮的）蒜瓣，然后烤一个半小时直至番茄和蒜瓣变得非常软。取出放置一边稍微冷却。

同时，用大号厚底炖锅或者明火用烤盘在中低火上加热橄榄油。加进洋葱，然后用适量的盐调味，煮6~8分钟直至煮软。把火调高至中火，然后放入猪肉糜和牛肉糜，把它们和洋葱搅拌均匀，用木勺滑散。用盐和胡椒调味之后再煮4~5分钟，不时地翻炒一下，直至肉变成棕色。加入听装的番茄、红酒、意大利黑醋、一杯半（375毫升）水和剩下的香草，搅拌均匀。然后调至低火炖一个半小时直至酱汁收浓，期间不时搅动一下并且把粘在边上的肉末刮下来。

用搅拌器把慢烤过的番茄打至顺滑，同从烤大蒜里挤出的蒜肉一起加进猪肉酱里，混合均匀。炖20分钟左右至入味，尝一下并且按需要调味。

将烤箱温度调至180℃。

制作白酱。在小炖锅里用中火融化一块黄油，加入面粉、一撮盐和胡椒，搅拌成为糊状。继续煮，搅拌。2~3分钟之后，慢慢地加入牛奶，不时地搅动，直至所有的牛奶被吸收。此时调味酱呈丝滑奶油状。煮沸，然后加入肉豆蔻和帕玛森干酪，搅拌均匀。

在一个大约20厘米×32厘米×3厘米的烤盘里舀入猪肉酱，抹匀在盘底。上面先铺一层白酱，然后铺一片面，照这个顺序反复重叠直到铺满烤盘（可以铺3层），最上面再铺上一层猪肉酱和剩下的白酱，最后均匀地撒上帕玛森干酪和碾碎的黑胡椒。烤30分钟直至表面金黄起泡，意面彻底熟透。

取出，在一个架子上放几分钟，然后切开和沙拉一起上桌。

Cannelloni with chicken, MUSHROOMS and WALNUTS 大管蘑菇鸡肉面

这是我公公Bob的拿手意面，加入了蘑菇和核桃之后，这道传统菜的口味达到了一个新高度。如果你的白酱在开始的时候有一点结块，不要担心，所有的结块在充分搅拌过后都会消失的。得到顺滑馅料的秘诀就是在煮的时候用一个木勺把鸡肉糜完全滑散，滑得越散越好，这样鸡肉糜可以更容易地填入通心粉里。我用了裱花袋来往通心粉里填装肉馅，这比用勺子填装要容易得多。

130克鸡肝
400克小菠菜嫩叶，冲洗
橄榄油，烹饪用
1个白色或者红洋葱，切小丁
3粒蒜瓣，拍碎
500克散养瘦鸡肉糜
细细切碎的鼠尾草、龙蒿和百里香叶各1大匙
海盐和现磨黑胡椒
200克栗菇或者瑞士褐菇，洗净，分开，切碎
1块黄油
半杯（50克）核桃，大致切一下
280克乳清干酪
2½杯（200克）帕玛森干酪碎
18～20根大管意面
绿叶菜沙拉和欧包，佐餐用

奶油白酱
150克黄油
1杯（150克）普通面粉
3杯（750毫升）牛奶
3杯（750毫升）奶油
1撮新鲜磨碎的肉豆蔻
⅔杯（50克）帕玛森干酪碎
海盐和现磨白胡椒

4～6人份

翻页继续

大管蘑菇鸡肉面 Cannelloni with chicken, MUSHROOMS and WALNUTS continued...

烤箱开风机预热至180℃。

将鸡肝放在食品处理机里打至顺滑，放在一边。

在大号炖锅里放入1杯（250毫升）水，煮开，放入菠菜煮1~2分钟。用漏勺捞出，然后挤干水分，大致切一下，放置一边。

在深不粘煎锅里用中火把2大匙橄榄油加热，加入洋葱和大蒜煮10分钟直至变软、变不透明。加入鸡肉糜和鸡肝泥煮3~4分钟，用木勺把里面的结块打散。加入香草并用足够的盐和胡椒调味，再煮10~12分钟直至肉糜和鸡肝泥煮透。

同时，另用一个煎锅在低火上加热1大匙橄榄油，加入蘑菇煮4~5分钟。加入1块黄油融化，翻拌，让蘑菇均匀沾上黄油。再继续煮2分钟直至蘑菇表面发亮，然后同核桃和菠菜一起加入鸡肉糜里，轻轻搅拌。把锅从火上移开，放置一边冷却15分钟，然后根据需要调味。

再来做白酱。在中号炖锅里用中火融化黄油，加入面粉，搅拌，煮1~2分钟至成糊状。逐渐加入牛奶，时不时搅拌一下直至牛奶被吸收，糊呈顺滑、奶油状。煮沸，加入奶油、肉豆蔻和帕玛森干酪，然后用盐和胡椒调味，搅拌均匀。

待鸡肉糜稍微冷却之后，搅入意大利乳清干酪和1/4的帕玛森干酪碎，用一个裱花袋挤进大管意面里（用勺子填进去也行）。

在大烤盘里铺一厚层白酱，然后在上面铺填了馅料的意面，把它们一个挨一个整齐排列。上面再淋上剩下的白酱，撒上剩下的帕玛森干酪，用黑胡椒调味。烤40分钟。再将烤箱温度调到200℃，烤10分钟直至最上层变金黄。

趁热同蔬菜沙拉和欧包一起上桌。

这个配方的灵感来自于2008年在维多利亚的伍德因德旅行时到过的一家餐厅，在那里我享用了一顿难忘的鹌鹑大餐。我回味着记忆中的味道，用春鸡制作了这道冬季大菜，配上奶油土豆泥简直是完美（参看第214页的配方，但只需要做第一、第二步，不需要芥末）。

栗子馅春鸡佐苹果白兰地酱

Poussins with CHESTNUT STUFFING and Calvados sauce

4只500克的春鸡
海盐和现磨黑胡椒
橄榄油，涂抹用
1小把百里香和迷迭香枝
1杯（250毫升）鸡高汤
3大匙苹果白兰地（或者普通白兰地）

栗子馅

2½杯（175克）新鲜的酸面包糠
4枝迷迭香，留叶子
3枝百里香，留叶子
3根散养猪肉香肠，把肠衣剥掉
半杯（70克）榛子
2茶匙橄榄油
115克淡味意大利培根，去掉皮和多余的肥肉，切成1厘米大小的丁
1个洋葱，细细切碎
1粒蒜瓣，碾碎
2大匙栗子泥
海盐和现磨黑胡椒

4人份

烤箱开风机预热至180℃。

先做馅料。在碗里放入面包糠、迷迭香、百里香和香肠肉，用干净的手将它们混合在一起。

把榛子放在烤盘里烤10分钟至金黄色。如果榛果带皮，可以把它们放在一个干净的毛巾上，把皮搓掉。用尖刀大致切一下榛果，然后加入馅料混合物里拌匀。

用煎锅加热橄榄油，加入意式培根，用中低火煮10分钟至培根开始变焦。加入洋葱煮5分钟，加入大蒜再煮5分钟。

待意式培根稍微冷却后，同栗子泥一起加入馅料，用干净的手混合均匀，用盐和胡椒调味。

把春鸡放在干净的料理台上，里面抹上盐，然后在胸腔里填入馅料。如果你喜欢，可以用鸡尾酒棒固定开口，然后用烹饪麻线把腿系在一起。在鸡身上涂上橄榄油，上面撒百里香枝和迷迭香枝，用盐和胡椒调味。

将鸡放入烤盘，烤1~1.5小时直至全部变成金黄色。要检查鸡肉是否烤熟，可用小尖刀插入鸡腿最厚的部分，如果流出的汤汁是清的，就说明是熟了。把春鸡从烤盘里取出放在盘子里待用。

再来做酱汁。把烤盘放在开低火的炉子上。用勺子撇去高汤中尽可能多的油，加入高汤和苹果白兰地，用球状搅拌器搅拌均匀，尽量把烤盘边的东西都刮下来。用盐和胡椒调味，炖至汤汁浓缩一半，滤去渣滓，然后同鸡一起趁热上桌。

肋眼牛排 佐 鳀鱼秘制黄油

Rib-eye *steaks* with *anchovy butter* and *rosemary* potatoes

这道菜出现在我为2011年情人节写的博客里。我们应该懂得，俘获男人心的最好方法是给他做顿牛排大餐（至少这是我的经验，这通常对热血的澳洲男人很有用）。请尽量买最好的牧草野生饲养的上等牛肉。黄油也一样，最好是有机的。现在市面上已经有很多上好的有机黄油出售，它们是有点贵，但是它们确实会使这道菜的味道完全不同。如果你不喜欢鳀鱼，也可以用一大匙切碎的酸豆代替。

6个面土豆，带皮，搓洗干净
海盐和现磨黑胡椒
橄榄油，烹饪和涂抹用
2粒蒜瓣，切薄片
1小把扁叶欧芹叶，切碎
2枝迷迭香，叶子切碎
2块肋眼牛排（大小依据个人喜好）
1块黄油
百里香烤洋葱圈（参见第223页）

鳀鱼秘制黄油
3大匙黄油，室温软化
4块鳀鱼柳，沥干切碎
1茶匙细细切碎的扁叶欧芹
现磨黑胡椒

2人份

先做鳀鱼秘制黄油。将黄油、鳀鱼和欧芹在一个小碗里混合，然后用胡椒调味，盖上保鲜膜放入冰箱冷藏。

将一大炖锅水煮开，加入土豆和一撮盐，煮至土豆变软（用刀试一下，土豆应该熟透，但中间还有一点点硬），捞出放在一边稍微冷却。

同时，在大煎锅里用中低火加热1大匙橄榄油，加入大蒜煮1~2分钟。将土豆切成1厘米厚的厚片，分批放入煎锅煎至两面都呈金棕色（注意不要一次在煎锅里放太多土豆，不然土豆会变成更像是焖的，而不是炒的）。将土豆和大蒜捞出放在纸巾上，然后放入一个碗里，用一撮盐和胡椒调味，再加入欧芹和迷迭香，翻拌均匀。

同时，在手上倒1大匙橄榄油，抹在牛排上。两面都用盐和胡椒调好味。

把烤盘加热至几乎冒烟，然后加入牛排，每面煎3~4分钟至半生，或者煎到你喜欢的程度。加入一块黄油直至融化，用勺子将油淋在牛排上。把牛排从锅里盛出放置几分钟，然后同黄油、土豆和洋葱圈一起上桌。

芝香辣味鸡

Sticky chicken with SESAME and chilli

这道菜可以在工作日制作，超级简单，只要把所有的东西丢进烤盘就行。尽管食材清单看起来很长，但是我敢说差不多99%的东西你都能在你的冰箱里找到，所以你只要去买鸡肉就行了。我建议把鸡腿上的皮去掉，因为那样可以让肉被浓稠的酱汁着色得更加完美。如果要更简单些，可以直接买去皮的鸡腿（不要浪费时间去剥掉翅膀上的皮，生命很短暂，不值得这样浪费）！

1千克散养鸡大腿或者翅膀
海盐和现磨黑胡椒
1大匙橄榄油
1个小紫洋葱，切小丁
3粒蒜瓣，碾碎
1杯（250毫升）番茄沙司
半杯（140克）芥末粒
⅓杯（120克）蜂蜜
2大匙黄糖
1大匙西班牙辣椒粉（SMOKED PAPRIKA）
1茶匙辣椒粉（CAYENNE PEPPER）
3大匙伍斯特酱油
3大匙意大利黑醋
芝麻和切片的长青椒各1小把
蒸好的香米，佐餐用

.4人份

先来剥鸡腿上的皮。用一把小尖刀，先在鸡腿最窄（靠近关节处）的地方沿皮划一圈。用手指在皮的下面滑动使皮松动，然后向上拉起皮使皮肉分离，从骨头的另一端剥下皮。在鸡腿关节的那端还会有部分鸡皮残留，不要担心——主要的目的是将鸡腿肉上的皮剥下。将去皮的鸡腿和鸡翅一起放在烤盘里，用盐和胡椒调味。

烤箱开风机预热至160℃。

在深煎锅里用中火加热橄榄油，加入洋葱煮5分钟后加入大蒜再煮5分钟。将火调小，加入番茄沙司、芥末、蜂蜜、汤、辣椒粉、伍斯特酱油和意大利黑醋，搅拌至完全均匀。然后调至中火煨5分钟，将酱汁均匀地裹在烤盘里的鸡肉上。

把烤盘放入烤箱，烤1小时15分钟到1.5小时，直至鸡肉完全煮熟，表面黏稠，期间要不时刷些酱。取出，上面撒芝麻和青椒，同香米一起上桌。

将这道菜和绿叶菜沙拉、硬脆面包以及冰汽水配在一起，再和朋友们一同享用，是非常惬意的。

有些人不喜欢煮螃蟹，因为觉得准备过程过于繁琐复杂。我会鼓励你试一次，网上有很多在线教程会详细地教你一步步完成。注意：锯缘青蟹必须活煮，人性化一点的做法是煮之前先把螃蟹放在冰箱里冷冻30分钟让它们失去知觉。放入滚水前它们必须是完全不动了的——如果你看到它们有任何细微的活动，可以把它们放回冰箱再冻一会儿。

辣味炒蟹 Wok-tossed chilli CRAB

2只大的活青蟹
2只熟蓝蟹，洗净，身子切成4份，腿和钳子砸开

辣酱汁
2大匙橄榄油
3粒蒜瓣，切薄片
1茶匙细细磨碎的沙姜
1根长青椒，切薄片，另备一点装盘用
1根长红椒，切薄片，另备一点装盘用
5～6根青葱，去根后斜着切碎，另备一点装盘用
⅓杯（100克）辣豆瓣酱
2大匙米酒醋
15克棕榈糖，碾碎
1杯（250毫升）鱼肉高汤
海盐和现磨黑胡椒
稍微切过的香菜和扁叶欧芹各1小把

4人份

将青蟹冷冻30分钟直至它们完全被冻住，然后把它们投入一个加盐滚水的大炖锅里，盖上盖子煮20分钟直至煮熟。如果你的螃蟹较小，可能煮15分钟就够了。捞出，把腿和钳子从躯干上拆下来。把躯干里的肉拆出，砸开钳子和腿，然后和准备好的熟蓝蟹一起放在一个碗里。

在炒锅里用中火加热橄榄油，加入大蒜、沙姜、辣椒和青葱翻炒5分钟，再加入辣豆瓣酱、醋、棕榈糖和高汤混合均匀。放入螃蟹以及所有的蟹肉，煮5～6分钟，不断翻动直至酱汁裹匀并且全熟。用一点盐和胡椒调味，然后盛入一个大碗里。

上面撒香菜、欧芹和另备的辣椒、葱，趁热上桌。

慢煮鸡胸肉是让它们入味并保持湿润口感的好方法（还有什么比口感干柴且没有入味的鸡胸肉更加糟糕的呢）。鸡胸肉非常健康，因为不带任何脂肪。这实在是道任性到极致的菜肴，因为白松露油着实昂贵，但是妥善保存它可以放很久，并且每次只要放一点就能回味悠长。如果再加上一点点龙蒿，会非常美味，但是不能放太多，否则味道会很冲。

鸡胸肉炖饭 佐 龙蒿白松露油

Poached chicken risotto with white truffle oil and tarragon

2片干月桂叶
半茶匙黑胡椒粒
2块200克的散养鸡胸肉
1.2升鸡高汤
1大匙橄榄油
50克黄油
1个红洋葱，切碎
1½杯（300克）意大利大米
100毫升白葡萄酒
1小把扁叶欧芹叶，细细切碎
海盐和现磨黑胡椒
100克磨碎的佩科里诺干酪，另备一些装盘用
白松露油，最后淋上用
一点点龙蒿叶，可选

4人份

在中号炖锅里放入月桂叶、胡椒粒和3杯（750毫升）水，煮开，然后把火调小煨5分钟，使味道充分融合。加入鸡胸肉，盖上盖子用低火煨10~12分钟直至鸡肉完全煮熟。把锅从火上移开稍微冷却，捞出，将鸡肉撕成条。

在大号炖锅里倒入鸡高汤，煮沸。把火调至最小，盖上盖子让鸡汤保温待用。

在大号厚底炖锅或者明火烤盘里加热橄榄油和黄油直至黄油融化，加入洋葱煮5~10分钟直至洋葱变软。加入米饭，搅拌均匀，然后倒进白葡萄酒，边炖边搅拌，直到液体稍微收干。

在米饭里加入一满勺热高汤，搅拌，直至鸡汤完全被吸收。继续用这种方法加入鸡汤直到锅里只剩下一勺鸡汤。加入鸡肉和欧芹，最后再加入剩下的鸡汤搅拌均匀，用盐和胡椒调味。现在烩饭已经呈现诱人的浓稠顺滑状。当最后的高汤也被吸收时，搅拌进佩科里诺干酪。

盛一些米饭到盘子里，淋上一点白松露油，再撒一些佩科里诺干酪和1~2片龙蒿叶，最后撒上黑胡椒即可。

这是一道绝妙的晚宴菜品。只需要在早上把肉扔进烤箱慢烤一整天，然后把肉从骨头上切下来就可以了（肉会酥软到直接从骨头上落下来）。通常朋友要求带菜去Party时，我就会做这个带去，从来都是很抢手。

八小时慢烤羔羊肉佐波斯菲达芝士

Eight-hour LAMB with *Persian feta*

4～6人份

2个洋葱，切成4等份
2束迷迭香
1块1.5千克的有机羊羔腿肉
橄榄油，涂抹和淋汁用
2头整蒜，纵向切成两半，另加12粒蒜瓣，去皮并纵向切成两半
海盐和现磨黑胡椒
1杯（200克）波斯菲达芝士碎或者软山羊奶酪
柠檬角和柠檬皮（成丝状）

香草柠檬酱汁
罗勒、扁叶欧芹和柠檬叶各1大把
1茶匙第戎芥末
1大匙雪利酒醋
1大匙酸豆，冲洗干净
2～3片鳀鱼柳，捞出
1个柠檬的柠檬汁和柠檬皮碎
半杯（125毫升）橄榄油，另备一些

烤箱开风机预热至140℃。

将洋葱放入烤盘的中央，撒上一束迷迭香的小枝，将羊腿放在上面。

在手上倒上橄榄油，互相搓一下，然后涂抹在整个羊腿上。用尖刀在羊肉上戳出12条小口子（约2.5厘米深），在每一个口子里塞进两个切半的蒜瓣。再把6枝迷迭香切两段，折起，和蒜瓣一起填入口子里。

用适量的盐和胡椒调味，淋一些橄榄油在上面。用铝箔纸松松地把肉裹住，轻轻压好，放在烤盘里。放进烤箱烤8个小时，时常检查一下肉。如果它看起来有些干，可以在上面洒一点水或者白葡萄酒。

当羊肉烤好，把它从烤箱里取出，在切之前放置20分钟。肉会很容易从骨头上落下，肉质松软、口感顺滑。

来做酱汁。将香草、芥末、醋、酸豆、鳀鱼、柠檬皮屑和柠檬汁，还有橄榄油一起放进食品处理机或者搅拌机，搅拌成糊状。如果看上去有点干，就再淋一些橄榄油（它的状态看起来要比青酱更稀一点，这样就更容易淋在肉上）。

在餐盘里盛上肉和山羊奶酪，淋上一些酱汁，和柠檬角以及柠檬皮丝一起上桌。

Jill是我的一位澳洲密友，我很幸运能认识这样一位出色的素食厨师。几年前，当我们都住在爱尔兰的时候，我们经常一起去她丈夫Frank在乡下的小屋度周末。那是个非常棒的小屋，占地几英亩，中央还有一个大湖。在天寒地冻的冬天，我们尝试了几次皮划艇运动之后，回到燃着壁炉的小屋，晚上开几瓶红酒，衬着音乐，尽兴地聊天，最关键的是，还有Jill做的美味食物。这道菜就是她经常会为我们做的。我一直很欣赏Jill，因为她向我们展示了这样的美食态度：如果你决定过素食生活，你仍然可以吃得很好，不会感觉缺少了什么。

Jill特制酥皮蔬菜卷

Jill's veggie roll

4人份

1大匙橄榄油
2粒蒜瓣，碾碎
6根青葱，去根后切段
1把菠菜，洗净，大致切一下
⅓杯（50克）松子
1杯（200克）山羊奶酪碎
1杯（200克）新鲜乳清干酪
¼茶匙新鲜磨碎的肉豆蔻
2个散养鸡蛋，稍稍打散
1小把扁叶欧芹叶，细细切碎
1½杯（105克）新鲜面包糠
375克费罗酥油皮（FILO PASTRY）
150克黄油，融化
1个散养鸡蛋黄，和一点牛奶打散
1小把黑芝麻碎
优质希腊酸奶黄瓜酱（TZATZIKI），或者辣味番茄酱（参见第228页）

烤箱开风机预热至180℃。

在中号炖锅里用中火加热橄榄油，加入大蒜和青葱稍微煮5分钟。加入菠菜，盖上盖子煮2~3分钟直到软。捞出放置一边冷却，挤干水分。

把松子放在一个干的煎锅里，然后用中火煎烤5分钟直至稍稍金黄（期间要盯着一点，否则会很容易焦）。

把芝士、肉豆蔻和鸡蛋放在一个大搅拌碗里混合，搅拌进菠菜、欧芹、松子和面包糠。

把一张酥皮放在干净的料理台上，刷上一层融化的黄油。拿另一张酥皮面饼放在上面，再刷一层黄油。上面再放最后一层，刷黄油，一共3层。

用勺子舀几大匙馅料均匀地铺在面饼最靠近自己这边的边缘上，两边留出4~5厘米的空余。卷起酥皮做成一个香肠的形状，将边缘塞进去。将蛋液刷在香肠状的面饼上。重复以上的程序直至把馅料和面饼用完。

将一个酥油香肠状面饼放在抹了油的圆形烤盘中央，将它摆成螺旋状。取下一个酥油面饼卷和上一个首尾相接，盘绕起来。用剩下的酥皮面饼卷继续做成一个大的螺旋状。当全部做好之后，刷上蛋液，撒上黑芝麻碎，然后烤30~35分钟直至全部变成金黄。

同希腊酸奶黄瓜酱和番茄酱一起上桌。

HILL
Est.
PIONEER
LEMONA

芥蓝笋佐培根核桃和柠檬

Broccolini with pancetta, WALNUTS and lemon

芥蓝笋是西蓝花更美貌、纤细、性感的小妹妹，我发现它其实更加美味。我喜欢把茎和花一起用，以制造更加有趣生动的口感组合。只要稍微煮一下就行，然后捞出立刻放入冰水里以保持它鲜亮的色彩。相比我们通常用的软榻的煮过了头的西蓝花，这道加入咸脆的培根和金黄的核桃，配了有扑鼻香气的柠檬汁的芥蓝笋配菜仿佛使整个世界都有了生机。

2棵芥蓝笋，茎和花头分离，茎切成2厘米的片，丢掉老硬的部分
细盐
2茶匙橄榄油
6片淡味意大利培根（3毫米厚），切细碎
⅓杯（35克）核桃，切一下
1块黄油
1个柠檬的汁
海盐和现磨黑胡椒

把已经放了盐的水煮开，放入芥蓝笋花和茎煮3~4分钟直至能够咬动。捞出，立刻投入冰水里。再次捞出，然后用纸巾拍干。

在大号煎锅里加热橄榄油，在中火上煎培根7~10分钟直至焦脆。在锅里加入芥蓝笋和核桃，加入黄油和柠檬汁，把所有食材翻匀。用盐和胡椒调味。

立刻把菜放入盘子里趁热上桌。

4人份

我很小的时候就讨厌青豆，完全地、特别地讨厌。

当晚餐的时候妈妈为大家盛青豆，她会问我：

“你要青豆么？”

我会非常笃定地回答：

“不，我讨厌青豆！为什么你明知我讨厌青豆还总是要问我呢？”

然后她会说：

“没有啊，你喜欢它们的呀。”

这真让我要疯掉！

直到5年前我发现了一种法国品种的青豆，吃起来甜美可口，香脆新鲜，根本没有那种面面的可怕的口感，这才克服了我的青豆恐惧症。现在我经常会吃小青豆，主要配羊肉和意面，或者就像这样作为配菜吃，尤其是配上新鲜薄荷、很多黄油和黑胡椒。我猜我妈妈说得是对的——我真的是喜欢青豆的，只是我还没有意识到而已。

No. 202

薄荷小青豆

Minted baby PEAS

4～6人份

3大匙黄油，软化
1茶匙日式芥末酱
1大把薄荷叶，细细切碎，再另备一点叶子装盘时候用
1小把扁叶欧芹叶，细细切碎
2杯（240克）冻小青豆
半茶匙细砂糖
海盐和现磨黑胡椒

把黄油、芥末、薄荷和欧芹放在一个小碗里混合。

在炖锅里装半锅水并且加盐，用中火煮开，加入青豆。调到中火，煨3分钟。捞出青豆，然后把它们放入热锅里。用细砂糖、盐和适量黑胡椒调味。

在热的豆子里加入调过味的黄油混合均匀。放入碗里，加入剩下的黄油，让它在上面慢慢融化。再撒一些薄荷，立刻上桌。

烤玉米佐青柠薄荷辣黄油

Barbecued sweetcorn with chilli, mint and lime butter

这是我在煮烤聚会上必做的菜式之一。青柠和辣椒真的是超级组合，和新鲜柠檬搭起来真的很合适。剩下的黄油配上整只的烤土豆或是和小土豆拌在一起都很美味。

4个玉米棒，连皮
青柠角，装盘时用

青柠薄荷辣黄油
3大匙无盐黄油，软化
1大匙细细切碎的薄荷
1大匙细细切碎的香菜
1个青柠的汁
1茶匙干辣椒碎
海盐和现磨黑胡椒

4人份

把玉米棒放在装了水的碗里浸泡10分钟（这样玉米棒的外皮不会被烤焦）。

在浸泡玉米棒的同时，将一个烤架或者烤盘预热至中热。将玉米棒烤30分钟，不时地翻转一下。从火上移开并稍微冷却，然后把玉米皮和玉米须剥开。

把火关小，把玉米棒放回烤架再烤10~15分钟直到微焦，期间每隔几分钟就把玉米翻转一下（你绝对想不到要在烤架上烤多久才能有完美的焦面）。

同时，将所有做青柠薄荷辣黄油的食材放在一个小碗里混合均匀，放入冰箱里冷藏10分钟。

把一大块青柠薄荷辣黄油涂抹在玉米上，趁热同青柠角和另外的黄油一起上桌。

白酒百里香烤迷你胡萝卜

Baby carrots roasted with thyme, hazelnuts and white wine

这道配菜和任何煮烤晚餐都很搭。它的好处就是它不会把厨房弄得一团糟，做完后也没什么要洗的东西，这对我这个每次准备晚餐以后都要打扫一片狼藉的战场的人来说是非常宝贵的优点。

2把迷你胡萝卜，去根
半杯（70克）榛子
5枝百里香
海盐和现磨黑胡椒
3大匙干白葡萄酒
半个血橙（如果没有，就用1只普通橙子）的汁
1大匙特级初榨橄榄油
2块黄油

4人份

烤箱开风机预热至180℃。

将榛子放在烤盘里烤10~12分钟直至稍稍变金黄色。把它们放入一个研钵里用杵轻轻地大致研碎，放置一边。

在烤盘上放一大张铝箔或者烘焙油纸，将胡萝卜放在中间，撒上百里香（取整枝百里香和少量落下来的叶子），然后用盐和胡椒调味。另取一张铝箔或者烘焙油纸覆盖在上面，把靠近自己的那边的边缘折几道以封口，再把左边和右边以同样的方式封口。把开口的那边转向自己，倒进白葡萄酒、橙汁和橄榄油，再加上黄油。把这边也折起密封，将烤盘放入烤箱。烤20分钟直至铝箔袋鼓起、胡萝卜变软但仍然有一点咬劲为止（可以将铝箔袋从烤箱取出，用小尖刀插入胡萝卜试一下）。

把烤盘从烤箱中取出，用一小把尖刀划开包裹。把胡萝卜夹到一个盘子里，然后把铝箔袋中剩下的汁水舀出来淋在胡萝卜上。上面撒上榛子，用盐和胡椒调味即可。

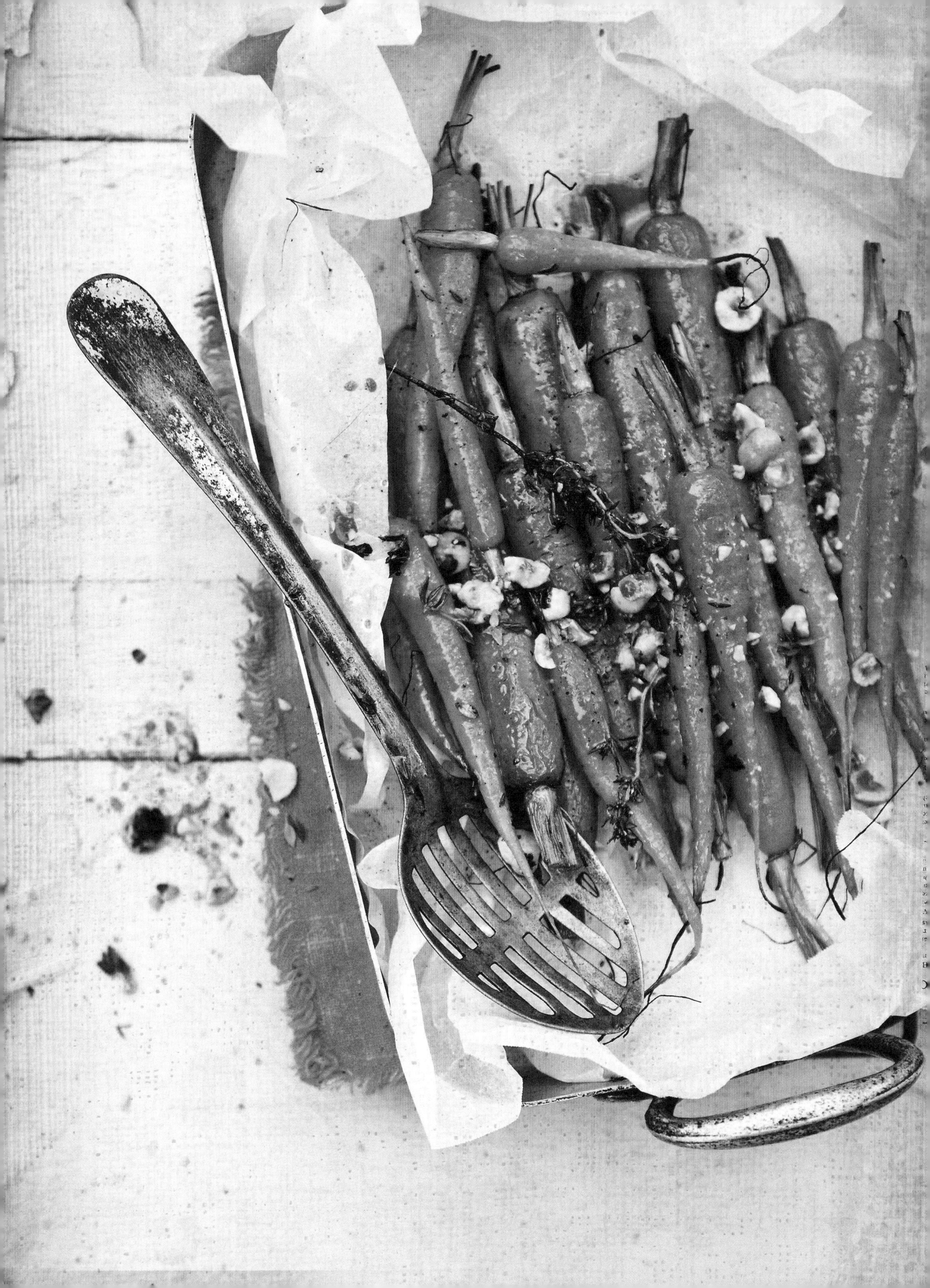

烤蒜鹰嘴豆蘸酱

White bean, chickpea and roasted GARLIC dip

比起甜味其实我更热爱咸鲜味，我爱乳酪拼盘胜过甜点，我也很容易被好吃的薯片和蘸酱吸引。这款蘸酱是我特制的一款鹰嘴豆泥，制作起来非常简单。只要将一小把大蒜烤好，这个酱就算是完成了，可以立刻端上桌。

这款鹰嘴豆泥尤其适合配着自制脆片吃。只要取两三片黎巴嫩面包，用切过的大蒜瓣擦一下，淋上一些橄榄油，再用盐和胡椒调味，然后撒上一小把罗勒碎，把面包切成几片，在预热至180℃的烤箱里烤15~20分钟直至烤透变脆即可。

2大粒蒜瓣，不剥皮
⅓杯（80毫升）特级初榨橄榄油，另备一些淋汁用
1听400克罐装鹰嘴豆，冲洗干净，沥水
1听400克的罐装白腰豆，冲洗干净，沥水
半个柠檬的汁
1撮干辣椒碎，另备一些（可选）
海盐和现磨黑胡椒
柠檬角和自制脆片（参见上文）

烤箱开风机预热至180℃。

将大蒜放在烤盘里，烤大约30分钟至变软。取出冷却，挤出蒜瓣，丢掉蒜皮。

将蒜与鹰嘴豆、白腰豆、柠檬汁、辣椒碎（如用）和橄榄油一同放入搅拌器里，搅拌混合，然后根据口味用盐和胡椒调味。蘸酱应该质地很厚，有一些颗粒物在里面。如果你喜欢更加顺滑一些，只需再另外加一两大匙的橄榄油即可。

放在碗里，淋上橄榄油。如果需要，可以撒一些辣椒碎。和柠檬角、脆片一起上桌。

Potato GARLIC gratin 奶汁焗香蒜土豆

这款奶汁焗土豆是全能选手，和任何东西都很搭。它和烤羊羔肉，比如第193页介绍的慢烤羊肉，配在一起尤其美味。它也是晚宴的大赢家。你可以在早晨就把配料配好，放在冰箱冷藏，客人来的时候丢进烤箱烤一下即可，这样可以把你从热烘烘的炉灶边解放出来。

6～8个大土豆，去皮，用曼陀林刨具切成非常薄的薄片
650毫升鲜奶油
3大粒蒜瓣，切薄片
50克黄油
海盐和现磨黑胡椒

6人份

烤箱开风机预热至160℃。

在一个尺寸为20厘米×30厘米×6厘米的烤盘底部铺一层土豆片，上面淋一层薄薄的奶油。放上几片大蒜片，再放一些黄油块，用一点盐和研磨出来的黑胡椒调味。重复以上步骤直至土豆片用完。在最后一层土豆片上淋上奶油、黄油、盐和胡椒。

烤1~1.5小时直至土豆片烤透，最上一层变焦黄。趁热上桌。

我是爱尔兰人，对于99%的人来说这意味着我的早中晚餐都一定有土豆。老实说，我只是偶尔才吃土豆，但我要说没什么比超脆烤土豆（参见第226页）或是这道奶汁土豆泥更美味了。我在几年前的一个婚礼上听见一个客人向侍者抱怨说："你们上了烤土豆和煮土豆，那我的土豆泥呢？"

这道菜里，我用了土豆压泥器，因为我不喜欢土豆泥里有任何形状的结块，哪怕是很细小的也不行。这里我还有条免责声明：这可不适合在减肥的时候吃。

No. 214

凯式爱尔兰土豆泥

Katie's IRISH mash

4人份

6个大的面土豆，去皮切两半
细盐少许
¾杯（180毫升）牛奶
⅓杯（80毫升）鲜奶油
3大匙黄油，再额外留一些备用
1茶匙日式芥末酱
海盐和现磨黑胡椒
¼个白卷心菜，去心，切成极细的丝
5根青葱，细细切碎

淋料

1大块黄油或者1大匙特级初榨橄榄油
1小把切成细丝的白卷心菜
3根青葱，去根后切细碎
1小把松子
1茶匙芝麻

在大炖锅里把加了盐的水煮开，放入土豆，煮30分钟（至刀可以很容易地穿透土豆中心）。捞出土豆，沥干水分，然后放回锅里压成顺滑的土豆泥（或者用土豆压泥器压至非常顺滑）。

在土豆泥里加入牛奶。把锅放回炉灶上，用非常小的火稍稍加热，同时用木勺把牛奶搅拌进土豆泥里。当牛奶和土豆泥充分混合之后，加入奶油和黄油，搅拌至完全混合。加入芥末酱，用适量盐和胡椒调味，盖上盖子，用最低火保温。

把卷心菜放入滚开的盐水里煮6~8分钟（至卷心菜变软但还有点脆的状态）。捞出沥干水分，和青葱一起加入土豆泥里，把它们混合均匀。

再来制作配料。用中火在煎锅里煎黄油或者油，加入卷心菜、青葱、松子和芝麻，炒5~10分钟至松子被炒熟且所有的食材都有一点焦脆。

把土豆泥稍微加热。在这个过程中，你可以往里面不断添加一些牛奶以保证土豆泥柔软顺滑。

把土豆泥盛入一个温热的碗里，加入另备的一块黄油，淋上配料，用黑胡椒调味即可。

慢炖果香紫甘蓝

SLOW-COOKED red cabbage *with* *apples* and SULTANAS

4～6人份

这是另外一道我公婆家进行家庭聚会时他们常常会做的而我也渐渐爱上的“婆家特供”。比起卷心菜，我更偏向于选择紫甘蓝来做这道菜。我是最近几年才开始吃煮熟了的紫甘蓝的，以前我都喜欢放在沙拉里面生吃，这样可以保留它爽脆的口感。这道全熟版本的紫甘蓝加入了苹果和红醋栗，增添了水果的甘甜，别有一番令人喜爱的风味。

1千克紫甘蓝，去心，叶子切细丝
60克黄油
30克细砂糖
100毫升白葡萄酒醋
1茶匙海盐
1½大匙青苹果，去皮，去核，碾碎
2大匙无籽葡萄干
3大匙红醋栗果冻
2～3枝百里香，留叶子
现磨黑胡椒

烤箱开风机预热至160℃。

把黄油、糖、醋、盐和半杯（125毫升）水放在带盖的明火用烤盘中，用中火加热直至黄油融化并且所有的材料融合在一起。加入紫甘蓝翻拌均匀，煮开。然后盖上盖子放入烤箱，烤2个小时。期间时常检查一下，如果需要，可以加一点水。

把烤盘从烤箱里取出，搅拌进苹果、葡萄干、红醋栗果冻。盖上盖子，放回烤箱再烤10~15分钟。取出，撒上百里香和胡椒即可。

柠香辣味芦笋

Asparagus with chilli, lemon and mint

同大多数绿色蔬菜一样，芦笋通常情况下味道都是挺温和的，但这道菜的调料让它不那么温和了。使用炭烤会有很大帮助，因为这样会给芦笋增添许多风味。我总觉得柠檬汁和西蓝花很配（至少如果挤上了柠檬汁，我就能吃很多西蓝花），在这里这条规则也很适合。辣椒很提味，如果你愿意，可以随便用切碎的长红椒取代干辣椒碎。

细盐
300克芦笋尖，去掉老硬的部分
1小把薄荷叶，细细切碎
1个柠檬的柠檬汁和柠檬皮屑（柠檬皮屑要用柑橘刨皮器刨成细丝状）
1撮干红辣椒碎
海盐和现磨黑胡椒
菜籽油或者橄榄油喷壶
帕玛森干酪碎和柠檬角

4人份

在炖锅里装上半锅冷水，加入一撮盐，煮开，加入芦笋煮2分钟。从火上移开炖锅，捞出芦笋，投入冰水里，放置5分钟，捞出，用纸巾拍干。

将薄荷、柠檬皮屑、柠檬汁、辣椒碎、盐和胡椒混合均匀，放置一边。

在高火上加热烤盘至冒烟。撒少量油，加入焯过的芦笋。把火调小至中火，加入一半的薄荷、柠檬和辣椒调料。煮1~2分钟至稍稍煮焦，然后把芦笋用钳子翻面，加入剩下的调料，煮另外一面。

将芦笋同剩下的辣椒调料一起盛入碗里。用胡椒调味，撒上帕玛森干酪。同柠檬角一起端上桌。

万用樱桃酱

CHERRY Sauce

这是一份简单却口感丰富的酱汁，用途也很多。它和猪肉冷切头盘、烤羔羊肉和鸭肉都很搭，和巧克力或者香草冰激凌也是绝配。

300克樱桃，去核
半杯（125毫升）樱桃利口酒
2大匙细砂糖
1大匙新鲜青柠汁

大约1杯

将所有的食材放入厚底炖锅中，煮开然后煨至糖全部融化。把火调低再煨30分钟直至汤汁收浓，呈光亮的糖浆状。

将其过滤，去掉那些没有化开还是块状的樱桃果肉，让糖浆冷却。储存在一个消毒过的罐子里（参见11页），放入冰箱可以保存约1个月。

黑醋甜菜酱

Balsamic BEETROOT relish

这个酱汁可以配所有的煮烤肉类，夹在第二天的冷切肉三明治里会更加美味。我发现如果把甜菜切两半烤一下，甜菜皮就会微微卷起和肉分离，这样就更容易剥皮了。

2把中等大小的甜菜头（8～10个），去根后切半
100毫升橄榄油
3大匙意大利黑醋
海盐
1个紫洋葱，细细切碎
¼杯（55克）黄糖
半杯（125毫升）白葡萄酒醋
3大匙柠檬汁
1茶匙百里香叶

1杯

烤箱开风机预热至180℃。

把甜菜头放在烤架上，淋上1大匙橄榄油和意大利黑醋，撒上盐，烤50分钟到1个小时直到甜菜变焦变软。取出甜菜头冷却10分钟，然后带上薄橡皮手套（防止甜菜汁弄污手指）把皮剥下来。

把甜菜头放入料理机或者搅拌机打碎至顺滑，淋进3大匙橄榄油，搅拌至混合物呈泥状。

在小炖锅里用中火加热1大匙橄榄油，把洋葱炒熟。加入糖、醋和柠檬汁，搅拌均匀。加入甜菜浆和百里香，煨30分钟直至汤汁稍微收浓成酱汁。

储存在一个消毒过的罐子里（参见第11页），在冰箱里可以保存1个星期。

百里香烤洋葱圈

Roasted ONION RINGS with thyme

这道菜超级简单，几乎都不需要花时间准备。烘烤后会变成甜甜的拥有漂亮肌理的小小洋葱圈。它们被烤透时会自己散落成一圈圈的，焦脆的最外圈尤其吸引人，让人情不自禁地想把它们从烤箱里直接取出。它和汉堡或者任何煮烤肉类都很配。

8～10个小洋葱（我喜欢用腌过的洋葱），横向切半，不去皮
橄榄油，淋汁用
海盐和现磨黑胡椒
4～5枝百里香

6人份

烤箱开风机预热至180℃。

将洋葱放在烤盘里，淋上橄榄油，用盐和胡椒调味，撒上一点百里香枝，烤40~50分钟至洋葱外部稍稍变焦脆，剥去皮（最外一层会非常容易剥去）即可。

焦糖洋葱酱 Caramelised ONION jam

这款浓厚、香甜、美味的洋葱酱是为我的洋葱奶酪派（参见第62页）准备的，但是你也可以配陈年切达奶酪作为奶酪底，也可以抹在烤芝士酸面包三明治上。

4个大洋葱，去皮切片
2大匙橄榄油
海盐片
3大匙意大利黑醋（另加一点备用）
1½大匙软黄糖

1杯半（375毫升）

把洋葱放在厚底炖锅里，淋入橄榄油。用木勺搅动洋葱使上面都沾上油，用一撮盐调味。用中高火炒约15分钟直至变软。
把火调低继续煮30分钟，不时搅拌一下避免其粘锅。

加入醋和糖，然后搅拌均匀。继续用低火煮30~45分钟，再刮一下锅底，把粘在锅底的东西刮下来。如果酱汁变得太过黏稠，可以喷洒更多一点的醋（酱汁的质地应该是厚厚浓浓的果酱状）。放置一边冷却。

倒入一个消毒过的罐子里（见第11页），放在冰箱里可以保存1周。

这道菜有着对比鲜明的丰富口感。南瓜和芳香的孜然、新鲜的迷迭香一起烤，配上香脆的烤南瓜子（也是我热爱的小吃），再在上面撒一层意大利面包糠，搭配烤猪肉或者烤猪排会非常美味。

香脆辣味南瓜

Spicy PUMPKIN with roasted pumpkin seeds and PANGRATTATO

3大匙橄榄油
2茶匙磨碎的孜然
2枝迷迭香，留叶子，细细切碎
1千克南瓜，去皮，切成2.5厘米的块
海盐和现磨黑胡椒
⅓杯（65克）南瓜子
1茶匙橄榄油

意式面包糠
2大匙橄榄油
2个金红葱头，切碎
半杯（35克）酸面包糠
1小把鼠尾草叶，细细切碎，另取一些叶子备用
1小把扁叶欧芹叶，细细切碎
海盐和现磨黑胡椒

4人份

烤箱开风机预热至240℃。

在碗里加入橄榄油、孜然和迷迭香，加入南瓜搅拌均匀。用盐和胡椒调味，然后放入烤盘里，烤35~40分钟直至南瓜变软（用烤叉穿刺一下）。从烤箱中取出南瓜，将烤箱的温度调低至200℃。将南瓜加盖保温。

把南瓜子撒在烤盘上，用盐和黑胡椒调味，再淋一些橄榄油，烤10~15分钟（烤到变成金黄）。

同时做意式面包糠。用中火在煎锅里加热橄榄油，加入葱煮5分钟，不时搅拌一下。倒入面包糠和香草，不断搅拌，用盐和黑胡椒调味。当面包糠开始变成棕黄色（5~10分钟）即从火上移开。

把烤好的南瓜放在一个大碗里，撒上烤南瓜子和面包糠即可。

No. 226

超脆烤土豆

SUPER-CRUNCHY roast potatoes

我妈妈做的烤土豆是最棒的，特别香脆。这些年来我一直想试着复制它们，这道超脆烤土豆就是由此产生的。首先，当你把土豆煮得半熟的时候，捞出沥干水分，然后把它们放回锅里，大力地摇晃让它们自然散开（你也可以用一小把叉子把它们叉松，让它们更脆）。第二，不要用玻璃或者陶瓷烤盘烤土豆，只有金属烤盘才可以保证它们焦脆的口感。最后，如果你的土豆很大，可以把它们切成两半或者4块，边越多，烤出来的土豆就会越酥脆。

8个大的面土豆，去皮
细盐
⅓杯（80毫升）菜籽油或者葵花子油
2枝迷迭香，留叶子
海盐

4～6人份

烤箱开风机预热至220℃。

把土豆纵向切半，再横向切一刀。在大的深煎锅里放半锅冷水，加入盐和土豆块。用高火煮开，再把火调至中火炖15~20分钟（直至用刀可以轻易刺穿土豆中心，但是中心还是有一点点硬）。只需要把土豆煮半熟，如果在这个阶段煮太过，它们会变得太绵软。

用一个漏勺捞出土豆，把它们放回炖锅里。盖上盖子，摇一下锅，让土豆变松。这些松软的边缘会在烤的过程中变得非常酥脆。如果你喜欢，可以用叉子把边缘和顶部叉松以制造更加蓬松的口感。

在深烤盘里加入油，放进烤箱里烤10分钟直至冒烟。把烤盘取出，将烤箱温度调低至200℃。小心地将土豆移至热油里，撒上迷迭香叶和一点盐。

放回热烤箱里烤50分钟到1个小时至土豆变脆、变金黄色。你也可以在土豆烤到一半的时候把土豆翻过来，保证上色均匀。

趁热把它们盛出在碗里，再撒上一些盐即可。

辣味番茄酱

Spicy vine tomato RELISH

2杯或是1罐500毫升

我喜欢制作印度Chutney酱，它很简单，制作的时候可以很放松。用你所能找到的最新鲜的水果和蔬菜来制作它吧，只要稍加烹饪就可以达到最理想的效果。这款酱跟上好的陈年切达奶酪或者第144页介绍的澳洲辣味汉堡都很搭。

3大把熟透的小番茄
3粒蒜瓣，去皮
橄榄油，淋汁用
2枝百里香，留叶子
海盐和现磨黑胡椒
1听400克的碎番茄
3个红葱头，细细切碎
¾杯（180毫升）白葡萄酒醋
半杯（110克）黄糖
1茶匙黄芥末粉
半茶匙干辣椒碎
半茶匙多味香粉

烤箱开风机预热至120℃。

将番茄和大蒜放在烤盘上，淋上橄榄油，撒百里香、盐和胡椒，烤1~1.5小时直至番茄变软并且边缘有点变黑。

把烤过的蒜肉挤出，和烤过的番茄和所有其他材料一起放进炖锅里。煮开，然后调至中火煨1~2个小时至酱汁收干一半或者1/4。把锅从火上移开，稍微冷却。

把酱汁倒入一个消毒过的罐子里（参见第11页），放入冰箱可以保存1周。

SPICY VINE
TOMATO RELISH

肉椒茄子酱

Roasted capsicum and EGGPLANT CHUTNEY

这是另一款我会经常做的美味印度酱，用来配奶酪拼盘和冷切肉头盘，是一款做起来零失败的酱汁。

1个大茄子
橄榄油，烹饪用
海盐和现磨黑胡椒
3个红灯笼椒
3个红葱头，细细切碎
2粒蒜瓣，碾碎
1杯（250毫升）苹果酒醋
半杯（110克）细砂糖
1茶匙西班牙辣椒粉（SMOKED PAPRIKA）

3杯或是1罐750毫升

把烤架或者烤盘事先加热。将茄子纵向切成1厘米厚的厚片，淋上橄榄油，撒一些盐，放入烤盘，将每一面烤至茄子肉变软变成棕色。放在一边冷却，然后剥去茄子皮，将每一片茄子再切成大块，放入中号炖锅里。

烤箱开风机预热至160℃。把灯笼椒纵向切开，去除里面的筋络、隔膜和子。在皮上抹一点橄榄油，将灯笼椒切口朝上，放在烤盘里，烤大约1小时直至皮变黑。从烤箱里取出，放入碗中，用保鲜膜覆盖放置10分钟。剥去烤焦的皮（我会戴上薄橡皮手套来操作这一步），把肉切块，同其他所有材料一起放入炖锅。

将炖锅里的材料煮开，不时搅拌以保证焦的部分不会粘到锅底。把火调小，煨1.5~2小时，不时地搅拌一下，直至汤汁收浓。放置冷却。

倒入一个消毒过的罐子里（见第11页），放在冰箱里可保存1周

Cottee's

薄荷酸豆酱汁

Mint and CAPER sauce

1杯（250毫升）

我是Colman经典薄荷酱（Colman是英国厂牌）的忠实粉丝，它是我童年记忆中不可缺少的一部分，我小的时候可以从罐子里直接用勺子挖着吃（我非常喜欢那种醋的酸香味）。Colman经典薄荷酱在澳大利亚不是很容易找到，于是我决定自己来做，没有什么比自制酱汁配自制菜肴更棒了。经过多次试验之后，最终配方就在这里啦（顺便说一下，它简单到不行，配上烤肉，尤其是烤羊肉美味至极）。

3大把薄荷叶，另取一些备用
1茶匙细砂糖
2大匙苹果酒醋
1大匙法国酸果汁（VERJUICE）
¼杯（50克）酸豆，洗净
海盐和现磨黑胡椒

将所有的材料放入食品处理机里混合打散至薄荷叶被完全打碎，放入冰箱冷藏待用。

青酱

PESTO

大约2杯（一个500毫升的罐子）

这是款很好的必备品，可以调意面或者放入汤里作为酱汁。用你能得到的最新鲜的罗勒来做这款美味的绿色酱汁，然后用最好的特级初榨橄榄油封存，它是值得的。

3大把罗勒叶
1¼杯（100克）帕玛森干酪碎
75克松子
1杯（250毫升）特级初榨橄榄油
海盐和现磨黑胡椒

将罗勒、帕玛森干酪和松子放入食品处理机或者搅拌器里搅打，同时慢慢淋入橄榄油。打至顺滑，用盐和胡椒调味。倒入一个消过毒的罐子里（见第11页），放入冰箱可保存1周。

CHAPTER №. 7

甜点 DESSERTS

ETA
QUALITY FOODS
Cottee's
ICE BOX JAR
Ma Brown

姜味柠檬慕斯

Lemon, lime and ginger mousse with HAZELNUT CRUNCH

这款慕斯酸甜适度，口感清爽，尤其适合夏天。我喜欢把它们盛在不太搭配的古董玻璃罐里。由于它们美味又便于携带，因此也是野餐用甜点的绝佳选择。

1½杯（210克）榛子
8块手指饼干
300毫升鲜奶油
50克细砂糖
1片1厘米厚的生姜，去皮，磨碎（大约得到¼茶匙生姜末）
1个柠檬和1个青柠的汁和青柠皮碎，另备一些用柑橘刨皮器刮下的细丝
2个散养鸡的蛋白

6～8人份

烤箱开风机预热至180℃。把榛子放在烤盘里烤10分钟直至稍稍呈金黄色。

把手指饼干放入一个密封袋里，用擀面杖将它们压成中等大小的碎。把1¼杯（175克）的烤榛子（保留剩下的装盘用）放在另一个密封袋里同样用擀面杖压成非常细的粉末；你也可以用研钵和杵或者在食品料理机里完成这一步。将饼干屑和果仁粉末混合在一起，然后舀出适量的混合粉末放入每个小罐里（也可用玻璃罐或者碗）。放置一边。

同时，将奶油、糖、生姜、柠檬汁和柠檬皮屑在大碗里混合至均匀、变稠（混合物应该呈稀薄一点的鲜奶油那样的浓度）。用电动搅拌器把蛋白打发至湿性发泡，然后用刮刀或者勺子将蛋白轻轻翻拌入奶油混合物里。倒入大罐子里，然后再分装在各个铺有饼干和榛子碎底的玻璃罐子或者碗里，放入冰箱冷藏3~4个小时。

把剩下¼杯（35克）的烤榛子大致碾碎，撒在上面。然后再撒一些柠檬和青柠皮碎条即可。

ICE BOX JAR
Ma Brown

No. 240

树莓澳式费南雪

Raspberry FRIANDS

一两年前我在我的博客里贴过这款小蛋糕，然后意外地收到很多来自我的女性朋友的称赞（她们都号称自己不会做饭！）。几乎任何时候只要有需要，她们都会做这款点心，包括准妈妈派对、婚前闺蜜狂欢派对和订婚派对上。树莓和杏仁是那么的搭，当然你也可以用桃子、梨子、李子或者樱桃代替。

10个散养鸡蛋白
300克无盐黄油，融化
175克杏仁粉
370克糖霜，过筛，另加一点备用
⅔杯（100克）普通面粉，过筛
2包125克的树莓，另加一些备用

烤箱开风机预热至180℃。在18孔的椭圆模子内面稍微抹油或者直接用不粘的椭圆烤盘。

搅打蛋白几秒钟至稍微混合，不用打发。

加进黄油、杏仁粉、糖霜和面粉，稍微搅打一下直至混合均匀。倒入准备好的模子或者烤盘里，每个孔大约2/3满。

在每个费南雪上面放2~3个树莓，放入烤箱烤25~30分钟（将烤叉插进中心，如果拔出的时候叉上很干净即表示已经烤好）。

在费南雪上撒上糖霜趁热上桌。
如果你喜欢，还可以再配一些新鲜树莓。

18个

这是我一个朋友兼同事Ali Irvine给我的一款奶油水果蛋白酥配方的改良版，我在2011年圣诞节的博客里贴过。Ali的圣诞浆果蛋白酥做得非常成功，它给了我灵感，让我把它们做成一个个迷你“好时”巧克力形状的蛋白饼。我喜欢巧克力和树莓的组合，再配上一些意大利杏仁酒就更完美了。为了保证每次都做出完美的蛋白饼，记得在打蛋白之前要用切开的柠檬的切面擦拭搅拌碗的内壁，因为柠檬酸会去除所有残留在碗壁上的油脂，这有助于增加蛋白的稳定性。

迷你树莓巧克力蛋白酥

Mini raspberry and CHOCOLATE meringue kisses

半个柠檬
4个散养鸡蛋白，放至室温
1杯（220克）细砂糖
1茶匙香草精
1茶匙白醋
2½茶匙玉米粉
1包125克的树莓，用叉子碾碎成粗浆状
175克上好的黑巧克力，切碎
2杯（500毫升）鲜奶油
1大匙意大利杏仁酒

16个

烤箱开风机预热至140℃。给两个烤盘垫上烘焙油纸。

用柠檬的切面擦拭搅拌碗内壁以去除油迹。加入蛋白，打至出泡。逐渐加入细砂糖，高速搅打至糖完全溶解且蛋白霜呈浓厚光亮状。加入香草精和白醋，再筛入玉米粉，搅拌均匀。加入一半的树莓浆，轻轻搅拌均匀。

把混合好的蛋白糊装入裱花袋，在烤盘上挤出直径3~4厘米的带有尖的圆形。将蛋白糊都用完。烤1个小时至蛋白饼的底部变硬。烤到第30分钟的时候，把两个烤盘位置互换。烤好后把烤箱关掉，让蛋白饼在烤箱里冷却1个小时，然后拿出来完全冷却。

在蛋白饼烘烤并冷却时，把巧克力放入一个耐热碗里。在小炖锅里用中火加热1杯（250毫升）奶油至差不多要沸腾。移开炖锅，把奶油倒进巧克力里。放置5分钟，然后开始搅拌。将做好的巧克力甘纳许放入冰箱冷藏30~40分钟至变浓稠。把一半的浓稠的甘纳许放入裱花袋。

把剩下的1杯（250毫升）奶油打发至湿性发泡，然后同剩下的甘纳许和树莓浆混合均匀，放入另外一个裱花袋。

下面来组装蛋白饼。在蛋白饼的平的一面挤上一层巧克力甘纳许，再挤一层树莓巧克力奶油，然后用另外一个蛋白饼夹紧。重复以上程序直至所有的蛋白饼、甘纳许和树莓奶油都用完。放进冰箱冷藏15~20分钟即可。

Rhubarb *frangipane* TART 杏仁奶油大黄塔

这种塔是我家晚宴的一道常备甜点，90%的准备工作你都可以在客人来之前就提前准备好。如果你愿意，可以在前一天晚上做好杏仁奶油，放在一个带盖的碗里入冰箱冷藏一夜。然后在你需要用之前的一两个小时取出，让它在室温下软化，接着你就可以把它涂抹在酥皮上了。大黄也一样，可以在前一天准备好，把它浸泡在有大黄汁小烤盘里待用。

没有大黄也没关系，去核之后切半的李子或者樱桃也能发挥很好的作用，而且它们不需要进行任何前期的制作，只要在烤之前把它们放入杏仁奶油馅料里就行了。

1大把大黄，修剪后切成10厘米长的段
3大匙细砂糖
1张酥皮
1个散养鸡蛋，同2茶匙的牛奶混合

杏仁奶油
75克无盐黄油
60克细砂糖
125克杏仁粉
2个散养鸡蛋黄
半茶匙香草精

香草鲜奶油
1个香草荚，剥开取出籽
300毫升鲜奶油，打发
2茶匙细砂糖

4～6人份

烤箱开风机预热至200℃。

先来做杏仁奶油。将黄油、糖、杏仁粉、鸡蛋黄和香草精放置在碗里用手持搅拌器或者在厨师机里搅打均匀。放入冰箱冷藏10~15分钟。注意，要提前把它拿出来在室温下软化。

将大黄放入大炖锅里，加入细砂糖和2杯（500毫升）水。轻轻搅拌，用中火煮沸，再煮2分钟至大黄变软但不会散开。用一个漏勺将大黄盛入盘子里冷却。把煮大黄的水用中火再煮5~7分钟至呈糖浆状。

把酥皮放在干净的料理台上，每一边都留出1.5厘米的边缘，注意不要把它切开。用叉子在酥皮上扎孔，注意不要扎到边缘。用一小把刮刀，把杏仁奶油均匀地涂抹在酥皮上，避开边缘部分。

把大黄段码在杏仁奶油上排列成两行。在边缘刷上鸡蛋混合液，然后放入烤箱烤30~35分钟至酥皮烤透且边缘变金黄色。

制作香草鲜奶油。把香草籽和打发鲜奶油混合，加进细砂糖轻轻翻拌均匀。把大黄派和香草奶油一起端上桌。

这道甜点的灵感来自于一次关于香草和水果搭配的拍摄。同许多人一样，我一直都没有意识到香草和水果搭配有多美妙。比如，血橙（我最爱的水果之一）和迷迭香搭配就非常棒。血橙汁也可以做成颜色漂亮的糖霜。告诉你一个小窍门：当血橙季要结束的时候，你可以买许多血橙，把汁榨出来装进密封罐或者是小的冷冻袋，然后放入冰箱冷冻，等到需要的时候再取出来。冷冻的果汁会在解冻以后稍稍分离，但仍然是可以用的。

血橙迷迭香蛋糕

BLOOD ORANGE and rosemary cake

8～10人份

225克无盐黄油，软化
1杯（220克）细砂糖
2茶匙君度酒
3个散养鸡蛋
1个血橙，去皮，去瓣膜，取果肉（参见第23页）
1个橙子，去皮，去瓣膜，取果肉（参见第23页）
3枝迷迭香，留叶子
2杯（300克）普通面粉，过筛
2茶匙泡打粉，过筛

血橙糖浆
2个血橙的汁
2个橙子的汁
1大匙细砂糖

血橙糖霜
1个血橙的汁
2杯（320克）糖霜，过筛

烤箱开风机预热至180℃。

在一只9厘米直径、1.4升容量的邦特花型蛋糕模（或者用22厘米直径的海绵蛋糕模）内壁抹油。

用电动搅拌器把黄油和糖搅打10分钟至呈光亮的奶油状，加入君度酒搅拌均匀。

将血橙、橙子和迷迭香放入食品料理机里搅打至迷迭香的叶子被完全切碎，橙子完全混合成浆。把它们倒进黄油里，低速搅打均匀。

在另外一个碗里，将面粉和泡打粉混合。把粉类混合物逐量加入黄油糊中，同时低速搅打。加一点面粉，搅打一下，直至所有的材料都混合均匀。

把蛋糕糊倒入准备好的模具里，烤45~50分钟至顶部变成金黄（烤至插入烤叉，取出的时候叉上干净为止）。

同时做血橙糖浆。把材料都放进炖锅里煮开，不时地搅拌一下。调至中火继续煨10~15分钟，不时地搅拌一下，直到糖完全溶解并且糖浆收干约1/3。保温放置。

待蛋糕冷却一点后将其转移到蛋糕架上。架子下面放一个盘子来接那些滴落下来的糖浆和糖霜，用烧烤签在蛋糕顶部戳几个小洞，然后将温热的糖浆淋在蛋糕上，让其渗进蛋糕体里。

这时制作糖霜。把血橙汁和糖霜混合至顺滑，在冷却的蛋糕上淋上糖霜，然后把蛋糕放入冰箱冷藏20分钟即可。

大黄马斯卡彭榛子挞

Rhubarb, MASCARPONE and hazelnut tartlets

这是款有着奇妙滋味的美味小挞，这要感谢大黄里那被甜酥皮和脆烤榛子中和得恰到好处的些许辛辣味。你可以提前把它们做好，想吃的时候再拿到烤箱里热10分钟即可。如果你喜欢，也可以用樱桃、苹果甚至无花果替代大黄。

1张松脆的酥皮（最好买甜味的）
50克榛子
¼杯（35克）普通面粉
2汤匙黄糖
3满汤匙马斯卡彭奶酪
1茶匙香草膏
2茶匙意大利榛子酒
8根大黄，切成2.5厘米的段
3汤匙细砂糖
糖霜，装饰用

4人份

烤箱开风机预热至200℃。在4个不粘挞盘里涂上油（我用的是直径13厘米的挞盘）。

在酥皮面饼上切出4个足够可以垫在挞盘里的圆形面饼，然后把它们压在挞盘里。在每个酥皮上垫上烘焙油纸，再压满烘焙豆或者米。把挞盘放在烤盘里，放入烤箱烤10~15分钟至酥皮变成金黄色。小心地拎走油纸及烘焙豆或米，再继续烤5分钟，把烤好的酥皮底取出稍微冷却。

在烤盘上撒上榛子，烤6~8分钟至榛子稍微被烤熟，把皮搓掉，放在清洁、干燥的毛巾上。把榛子在食品处理机里打成中等粗细的沙状，或者用手切碎。

把面粉、黄糖、马斯卡彭奶酪、香草膏、榛子酒和榛子放在碗里搅拌成浓厚的糊状。

在中号炖锅里放入大黄、细砂糖和半杯（125毫升）水，用中火烧2~3分钟至沸。将大黄用漏勺捞出放在一个碗里，再将剩下的液体用中火烧10~15分钟至水分减少3/4且变成非常厚且光亮的糖浆。

舀1满勺榛子糊到每个挞盘里铺平，上面放上煮好的大黄，烤30分钟至酥皮饼变成黄色，大黄完全被煮透。

在挞上刷一层大黄糖浆，撒上糖霜即可。

血橙芒果桃子冰沙

BLOOD ORANGE, mango and peach granita

4人份

这是一道完美的盛夏午餐冰饮或烧烤聚会甜品。这款冰沙，和第286页的那款一样，准备起来非常简单快捷，可以提前几个小时做好冷冻起来。

1个芒果，剥皮去核，肉切成小块
3个熟透的黄桃，去皮去核，果肉切成小块
2杯（500毫升）血橙汁
1个柠檬的汁

将所有的材料放入食物处理器中打至顺滑。

准备一个至少4厘米深的而且可以轻松放入冰箱冷冻室的烤盘。把打好的混合液过筛倒入烤盘里，用勺子的勺背按压以帮助尽可能多的混合果泥通过筛子。丢弃那些没法通过筛子的渣滓。

小心地把倒满的烤盘放入冰箱冷冻室冷冻至少4个小时。要吃的时候把冻好的混合果汁取出，用叉子刮成蓬松的冰沙，装在高脚玻璃杯或者碗里即可。

香草籽冰激凌佐海盐太妃淋浆

Vanilla ICE CREAM with salted butterscotch sauce and honey-roasted almonds

1.5升

如果你打算做冰激凌，我想你应该是要豁出去了，因为里面可全是全脂奶、全脂鲜奶油等等哦！但是如果不用这些，那还是冰激凌吗？！说起来有点罪恶感，当那些醇厚浓郁、唇齿间奶香十足的冰激凌，以及焦脆甜美的坚果全都一起向你的味蕾扑过来时，我打赌你等不及装碗就会抱着冰激淋机大口大口吃下它们。为了得到最好的效果，冰激凌材料可以提前一天混合好。

1杯（140克）杏仁片
半茶匙细砂糖
2茶匙蜂蜜
1把完全烤熟的杏仁，可选

香草冰激凌

1½杯（375毫升）全脂牛奶
1杯（220克）细砂糖
2杯（500毫升）高浓鲜奶油
1杯（250毫升）鲜奶油
2根香草荚，划开取出籽

海盐黄糖太妃淋浆

¾杯（180毫升）鲜奶油
¾杯（165克）黄糖
50克无盐黄油，切块
1撮海盐粒

烤箱开风机预热至180℃。

在烤盘上垫上烘焙油纸，撒上杏仁。上面撒细砂糖，淋上蜂蜜。烤10分钟至呈金黄色。从烤箱中取出杏仁，翻拌一下让杏仁表面均匀裹上蜜糖，放置一边冷却。

制作冰激凌。将牛奶和细砂糖搅打2分钟至糖完全溶解。加入高浓鲜奶油、鲜奶油和香草籽轻轻搅拌，尽可能地将香草籽搅开（不过如果它们仍有一些粘在一起也不要太担心，冰激凌机会在搅拌的时候把它们分开）。把搅拌好的奶液放入冰箱过夜。

制作海盐太妃淋浆。将所有材料放入中号或小号炖锅里用中火煮开，不时搅拌一下。将火调小后再煨10分钟，不时搅拌以免粘在一起。将锅从火上移开放在架子上，室温下冷却，冷却之后液体会变得浓稠。

把冰激凌混合液从冰箱里取出，放入冰激凌机的碗里。搅打25~30分钟或者按说明操作，直到做成浓厚丝滑的冰激凌。

在一只容量为6杯（1.5升）的塑料冷冻盒里放入5~6汤匙冰激凌（我用的是14厘米×20厘米×9厘米的），加入1~2汤匙海盐太妃淋浆，轻轻翻拌进冰激凌。要制造有纹路的效果，而不是铺一层均匀的海盐太妃淋浆。撒一把蜜烤杏仁。以上操作重复2~3次，直至所有的冰激凌和浆都用完，最后撒上一把杏仁。舀进杯子或碗里即可（如果你想要硬一点的冰激凌，就再放入冰箱冻1~2个小时）。如果需要，可以在吃之前再撒上烤过的杏仁。

黑椒罗勒草莓冰

STRAWBERRY, basil and BLACK PEPPER ice cream

这是另一个香草和水果绝妙搭配的好例子（参见第247页的血橙迷迭香蛋糕）。这款冰激凌用的是罗勒和草莓这个魔幻组合。我本来还在犹豫黑胡椒加进去是否好，但事实证明这非常棒。这款冰激凌的颜色也是非常漂亮哦！

3杯（350克）草莓，去蒂，切成4等份
1½杯（330克）细砂糖
2汤匙柠檬汁
2汤匙青柠汁
1把罗勒叶
半茶匙现磨黑胡椒
1½杯（375毫升）全脂牛奶
2杯（500毫升）高浓鲜奶油
1杯（250毫升）鲜奶油
1个香草荚，划开取出籽

3升

把草莓和半杯细砂糖、柠檬汁、青柠汁放在一个碗里，混合均匀，盖上保鲜膜放入冰箱冷藏2个小时。

将一半浸软的草莓和罗勒叶、黑胡椒放入食品处理机搅打成果泥，放置一边。用土豆碾碎器碾压剩下的浸泡过的草莓，放置一边待用。

用手持搅拌器搅打牛奶和剩下的细砂糖（220克）2分钟至糖全部溶解。加入高浓鲜奶油、鲜奶油、食品处理机里的草莓果泥和香草籽，轻轻搅拌。如果时间允许，可以放冰箱里过夜，或者放冰箱里至少6~8个小时。

从冰箱取出混合液，放入冰激凌机搅拌25~30分钟或者按照说明操作，在快要结束之前10分钟加入碾碎的草莓。

舀进小塑料罐或者塑料杯里即可（如果你喜欢硬一点的冰激凌，可以放入冰箱再冷冻1~2个小时）。

Ice Cream

ONE HALF PINT
Mass. Standard Liquid Measure
Approved by the Director of Standards
for Massachusetts M-13
Sanitary's
REAL ICE CREAM
3 FL. OZ.
50 rue Neuvice
à LIEGE.

Atlas
Jelly
Glass

BISCUITS

我第一次吃到这种带有橘子和太妃糖的甜点是在我先生的姐姐那里，我被这种味道深深吸引。而且它可以提前做好，非常适合晚宴哦！我做的这个版本的灵感来自于一个周日的早晨，我先生从一个上门推销农场产品的农夫那里买下了300个橘子（顺便说下，那人在周日早上7：14分用超大的声音讲话）。在煮太妃糖的时候一定要看着，因为它一不小心就很容易煮过头。我一般把太妃糖放入冰箱冷冻让它变硬，但是你也可以把它放在料理台上让其自然冷却，这要用稍微久一点的时间，不过效果是一样的。

橙花水和波斯棉花糖可以在专门的食品店买到，也可以在Pariya.com在线购买。

仙女焦糖橘

CARAMELISED mandarins with orange blossom TOFFEE and fairy floss

4～6人份

半杯（70克）去壳开心果
12个橘子，去皮和瓣膜
500克细砂糖
1汤匙橙花水
1茶匙香草精
1把橙花味的波斯棉花糖，撕开
鲜奶油，佐食用（可选）

烤箱开风机预热至180℃。在烤盘里撒上开心果烤10分钟（烤至开心果稍微烤熟即可），然后稍微切一下。

将柑橘分瓣。把水果放在手里，下面用一只碗接漏下的果汁，用尖刀将每一瓣果肉从瓣膜中取出，让果肉落入碗里。把果肉同汁水翻拌，然后把它们放在一个明火用烤盘里。上面撒上一半烤过的开心果，保留剩下的一半装盘时用。

用厚底炖锅把细砂糖、橙花水、香草精和200毫升水煮开。不要搅动，但是可以不时地摇动锅子。煮20分钟直至糖浆变浓稠，颜色开始变为浅棕色。同时在一个可以放入冰箱冷冻室的烤盘里垫上烘焙油纸。

一旦糖浆颜色呈浅棕色，立刻取出3/4淋在橘子上（小心，因为糖浆是特别烫的，它们可能会喷溅出来），然后放入冰箱冷藏。将剩下的糖浆倒入铺好油纸的烤盘里，稍稍倾斜烤盘使糖浆均匀地分布在烤盘里（要注意，烤盘会因此变得特别烫）。放入冷冻室冻硬（10~15分钟）。

一旦太妃糖冻硬了，就将它从冷冻室取出。上面铺一张油纸，然后用锤子或者擀面杖，把太妃糖砸碎成小块。

吃的时候，让橘子回到室温，上面撒上太妃糖碎和剩余的烤开心果。最上面放上棉花糖，和鲜奶油一起上桌。

这道樱桃杏仁巧克力薄脆非常适合作为晚宴结束时配咖啡的小甜点。我用的是直径5厘米的圆形模具，可以做出能一口吃下的薄脆，但是你可以按照你的喜好决定它们的大小。这里有一些可以让制作过程变得简单一些的小窍门。你需要一个定时器，因为切形的时间必须计算得刚刚好——饼干面团不能太软，也不能太硬。我从各种实验和失败的经验中发现，最佳的切形时间应该是饼干从烤箱中取出后4~5分钟。另一个小窍门是在入烤箱前用小手指蘸混合液，然后点在烤盘的四个角，这样可以把烘焙油纸固定住。

樱桃杏仁巧克力薄脆

Almond and cherry FLORENTINES

大约30个

3杯（450克）樱桃，去核
1茶匙细砂糖
220克杏仁
100克无盐黄油，切块
⅔杯（150克）黄糖
半杯（175克）黄金糖浆
1茶匙意大利杏仁酒（可选）
⅔杯（100克）普通面粉，过筛
2茶匙姜末
300克优质黑巧克力，弄碎

烤箱开风机预热至180℃。把樱桃放在垫着烘焙油纸的烤盘上，撒上细砂糖。烤50分钟到1小时直到樱桃缩下去且焦糖化。从烤箱里取出冷却。

同时，在烤盘里撒上杏仁烤7~10分钟。一半的杏仁粗粗切碎，一半的留整个的放在一边。

将黄油、黄糖、黄金糖浆和意大利杏仁酒放在炖锅里用中火熬至黄油融化。把炖锅从火上移开，搅进面粉和姜末。

在两个烤盘里垫上烘焙油纸。将混合糖浆倒在其中一个烤盘的中央，用一把斜面刮刀把混合糖浆抹开至2~3厘米厚的长方形。边缘处留出5厘米，因为在烘焙时糖浆会向旁边散开。在第二个烤盘上重复同样的操作，把两个烤盘放入烤箱烤5分钟。

把烤盘从烤箱中取出（在这个阶段，混合糖浆的中心会比外围的颜色浅且浓厚），在上面撒上樱桃、整个的烤杏仁和切碎的烤杏仁，然后放回烤箱里烤12~15分钟至混合糖浆冒泡变金棕色。把烤盘取出，放置一边冷却4~5分钟。

用曲奇切刀小心地从外缘往中间切出圆圈。在融化巧克力的时候，把切好的薄脆放在铺了烘焙纸的烤盘或盘子里入冰箱冷藏。

在料理台上铺上铝箔（这样便于之后的清理），上面放2~3个冷却架。

在小炖锅中装半锅水，加热煮沸。将巧克力放入耐热碗里，放入水中隔水用低火融化巧克力，不时地搅动一下，直至巧克力融化。把碗小心地取出，放置一边。

将薄脆从冰箱里取出，将饼干一半边在巧克力里蘸一下，然后放在架子上15分钟。再放入烤盘或者盘子里，在冰箱里冷藏1个小时，直至巧克力凝固。

我是吃巴伐洛娃蛋糕和蛋白酥长大的，我的妈妈非常擅长做这些点心。事实上，即使我住在澳洲这个蛋白酥之乡（这里我要向这里所有的新西兰人说声抱歉，但我嫁给了个澳洲人，所以我不得不这么说），但我仍然认为妈妈做的是最好吃的。

这里必须要提醒一下，制作蛋白酥需要注意天气情况：如果天气闷热潮湿，就不要做这道点心了，因为很有可能会失败。而且，一旦搅打了，千万不要让蛋白搁置太久，因为制作蛋白酥的关键点就是要很快做好并马上放进烤箱烤。

No. 262

妈妈牌巧克力蛋白酥

Mum's CHOCOLATE meringues

1茶匙塔塔酱
1茶匙玉米粉
1汤匙浓缩咖啡粉
1汤匙可可粉，另备一些撒粉用
100克优质黑巧克力，细细切碎
半个柠檬
6个散养鸡蛋白，放在室温下
300克细砂糖
1茶匙白醋
鲜奶油，佐食用

12个

烤箱开风机预热至140℃。将两个烤盘垫上烘焙油纸。

将塔塔酱、玉米粉、咖啡粉、可可粉和巧克力放在一个小碗里，搅拌均匀，放置一边。

用柠檬的切面擦拭厨师机壁以去除油渍。加入蛋白，用中速搅打至软滑且蛋白糊成型后，将厨师机调到中高速然后逐渐地加入细砂糖，搅打到蛋白霜变厚变光亮且提起搅拌机蛋白霜呈直起的硬尖。加入干性食材和白醋，然后用一只大金属勺轻轻地翻拌均匀（不要过度翻拌蛋白糊——翻起5~6下就可以了）。取甜品匙量的蛋白糊逐个落在准备好的烤盘上。

放入烤箱烤1小时直到酥饼的底变坚硬，关上烤箱，让酥饼在烤箱里冷却（如果你觉得有必要，可以用一把木勺柄撑住烤箱门使其呈微开状态）。上面撒上可可粉，同鲜奶油一起上桌。

蜜汁烤香桃 Honey-baked peaches

这是一道“凯式食谱”，它是我在博客里贴的第一个配方，超级简单，在周日作为早午餐能受到很多人的青睐。可以根据你的喜好把新鲜的桃子换成李子或者梨，山核桃也可以用杏仁替换。

10个熟透的桃子，切半，去核
1汤匙蜂蜜
半杯（80克）杏仁
⅔杯（150克）细砂糖

香草法式酸奶油（可选）
1杯（240克）法式酸奶油
1只香草荚，划开取籽

6～8人份

烤箱开风机预热至180℃。

把桃子切口朝上放入烤盘，淋上蜂蜜，烤20~30分钟至变软。

当烘烤桃子的时候，把杏仁放入另外一个垫了烘焙油纸的烤盘里，烤7~10分钟直至变成金棕色。取出，放置一边。

如果你要做香草法式酸奶油，可将法式酸奶油和香草籽放入小碗里混合均匀，放入冰箱冷藏待用。

将3汤匙水和糖放入厚底深炖锅里烧开，不要搅拌，但可以时常地转动一下锅子。调至中火，然后熬15分钟直至糖溶解，糖浆开始变成浅至中等金黄色。迅速将糖浆从火上移开倒在烤过的杏仁上，使杏仁均匀地裹上糖浆（主要不要让糖浆喷溅到自己，因为非常烫）。待糖衣果仁冷却后，用食品处理机器打成粗粒状。

将桃子从烤箱里取出，然后舀一些糖衣杏仁碎在每个桃子中央。上面放上香草法式酸奶油，顶上再撒点杏仁碎即可。

JERSE

MAID

VANILLA

ICE CREAM

JERSEY MAID ICE CREAM COMPANY SYDNEY & MELBOURNE

咖啡榛子蛋糕

Coffee HAZELNUT Frangelico Cake

这是一款用于特殊场合的蛋糕。虽然它在制作上会花点时间，但我保证你的努力一定是值得的，它绝对可以获得大家热烈的称赞和好评。我特制的风味巧克力碎给黄油奶油馅料带来的特殊口感充满惊喜，但你也可以根据喜好省略这步。

还有如果你的巧克力甘纳许“分离”了（我做的时候发生过很多次这种状况，通常我都用很昂贵的巧克力），这很好补救，可以用手持搅拌器搅打一下，它就会立刻回到原来顺滑的状态了。

250克榛子
1汤匙优质速溶咖啡粒
⅓杯（80毫升）开水
300克无盐黄油，软化
300克细砂糖
6个散养鸡蛋，稍微打散
¼杯（60毫升）榛子酒
2汤匙牛奶
3杯（450克）普通面粉
2汤匙泡打粉
1½汤匙可可粉
巧克力酒（可选）

巧克力黄油奶油夹层

375克无盐黄油，软化
⅓杯糖霜，过筛
105克优质黑巧克力
3汤匙牛奶
2汤匙榛子酒

特制风味巧克力碎（可选）

⅓杯（45克）榛子
50克蛋白酥（我用从商店买的蛋白酥壳）
50克优质黑巧克力（可可含量60%～70%）

巧克力甘纳许

135克优质黑巧克力（可可含量60%～70%），切碎
¾杯（180毫升）鲜奶油
1汤匙榛子酒

8～10人份

翻页继续

CAK

咖啡榛子蛋糕

Coffee HAZELNUT Frangelico Cake continued...

烤箱开风机预热至180℃。

在烤盘里撒250克的榛子，烤10分钟至榛子稍微变成金棕色，注意不要烤焦了。将榛子放在一块清洁干燥的毛巾里把皮搓干净，再粗粗地碾碎果仁，放置一边。（如果你要制作巧克力碎，烤榛子的时候另加45克，然后去皮，放置另一个碗里备用。）

在3个直径20厘米的带弹簧箍的蛋糕模子里抹油并垫油纸。

用开水溶解速溶咖啡粒，搅拌均匀，放置旁边冷却。用厨师机以中高速将黄油和糖搅打8~10分钟直至颜色变得非常浅且质地蓬松。调至中速，分4~5次慢慢地加进打散的鸡蛋。继续搅打直至完全混合。加入榛子酒和牛奶，再续打几分钟。然后加进冷却了的咖啡溶液，用低速将所有材料混合均匀。

将面粉、泡打粉和可可粉过筛至一个碗里，混合均匀，然后加入蛋糕糊拌匀。将面糊倒入模子里，将表面抹平滑。放入烤箱烤40~50分钟，中间把模子位置调换下可使蛋糕上色更匀。烤好的时候蛋糕应该呈金黄色，用牙签插进中心取出，牙签上干净无附着物即可。蛋糕脱模前先冷却一下，然后把它们放在架子上彻底冷却。

制作黄油奶油夹层。用厨师机将黄油和糖搅打至蓬松且颜色变浅（需要8~10分钟）。同时，将一小炖锅水烧沸，上面架只可加热小碗将巧克力隔水融化，不时地搅动一下。小心地从热锅里取出碗稍微冷却，然后倒入黄油和糖的混合糊里，搅拌均匀，再拌进牛奶和榛子酒。

如果制作巧克力碎，可将45克烤榛子和蛋白酥放入食品处理机打至粉末，然后放入中等大小的耐热碗里。再取一小锅，加水煮沸后，在上面隔水将巧克力融化。将融化的巧克力倒在榛子蛋白酥粉中，用楔形刮刀的边缘充分混合均匀。成品看起来应该像巧克力色的沙土。

制作巧克力甘纳许。将巧克力放入耐热碗里。将鲜奶油放入小炖锅，用低火慢慢加热。一旦出现气泡就将鲜奶油从火上移开，倒入巧克力中。放置5分钟，然后搅拌均匀。放入榛子酒搅拌，放在一边放凉备用。

将蛋糕组装起来。用一把锋利的面包刀将3只蛋糕表面修整一下。将第一个蛋糕放置在干净的料理台上，涂抹一层夹层。如果喜欢，可以撒上一层厚厚的巧克力碎。放上第二层蛋糕，重复上一步。再放上第三层蛋糕。用刮刀在整个表面覆盖上一层巧克力黄油奶油后，放入冰箱冷藏。15分钟之后取出蛋糕，再淋一层巧克力甘纳许。

把蛋糕放回冰箱再冷藏5分钟，然后取出。在蛋糕的上面撒上磨碎的榛子，最后淋上一点巧克力酒即可。

酒香摩卡巧克力慕斯 Mocha chocolate mousse with IRISH WHISKEY

我妈妈做得最好的甜点就是她的巧克力慕斯，那简直太棒了，吃起来齿颊留香，口感比普通的慕斯更加稠厚浓郁，让我难以忘怀。我写下这些文字的时候，我几乎觉得自己已经尝到了那个味道。很多次我都想复制妈妈的慕斯，这个版本是最接近的了。这里我加入了很多爱尔兰威士忌（要用你能买到的最好的酒哦）。我还发现用速溶咖啡粉比意式浓缩咖啡粉更好。冷藏过后上面抹上鲜奶油就可以吃了，我保证所有的人吃完都会意犹未尽。

170克优质黑巧克力，切碎
170克无盐黄油
3汤匙优质速溶咖啡，用2汤匙热水混合
4个散养鸡蛋，蛋黄蛋白分离
⅔杯（150克）细砂糖，另加1汤匙备用
2汤匙爱尔兰威士忌（或者黑朗姆酒）
1撮细盐
半茶匙香草精
打发鲜奶油，佐食用

6～8人份

取一只中号炖锅，用小火保持水温，然后在上面架一只耐热碗，隔水融化巧克力、黄油和咖啡，时不时搅动一下。小心取出碗放置一边放凉，记得要让锅中的水一直保持微滚。

在一个大碗里放入几把冰块，倒半碗水，搁置在旁边。

取大小合适的耐热碗，架在滚水的锅上，打入4个鸡蛋黄、细砂糖、威士忌（或者朗姆酒）和1汤匙冷水，用蛋抽或者手持搅拌器搅打3分钟直至蛋黄糊变稠厚，颜色变浅，看起来和蛋黄酱差不多。将蛋黄糊碗从热水架转移至冰块上，继续再搅打几分钟直至蛋黄糊变得稠厚并且稍微降温，注意不要让蛋黄糊进水。加入巧克力糊搅拌均匀。

在蛋白里放入一撮盐搅拌至湿性发泡，加入另1汤匙细砂糖搅打至蛋白糊光亮。

加1大勺蛋白糊到巧克力糊里轻轻切拌。用同样的方式慢慢拌入剩下的蛋白，注意不要过度切拌。

将慕斯糊转移到水罐里，然后倒入小罐或者玻璃杯里。放入冰箱冷藏3~4小时再吃。吃之前在顶上放上厚厚一层打发鲜奶油即可。

酒渍葡萄干胡萝卜蛋糕

Carrot cakes with COINTREAU-SOAKED *sultanas*

我的出版人Julie Gibbs，在开工作会时经常会用一些美味的小点心招待我们。
有一天，她带来了很多小小的胡萝卜蛋糕。从咬下第一口的那刻起，
我就下定决心“一定要想尽办法做出这个味道来”。这款小蛋糕就是我的研究结果，
口感湿润，带着小小的辛辣味，层次丰富，佐以一大杯热茶实在绝妙。

半杯（80克）葡萄干
1个血橙的汁
1汤匙君度酒（可选）
⅓杯（75克）黄糖
半杯（125毫升）菜籽油
半杯（125毫升）蜂蜜，另加一点淋汁用（可选）
3个散养鸡蛋
1只香草荚，划开取籽
半茶匙姜粉
1½杯（225克）普通面粉
2茶匙泡打粉
1茶匙苏打粉
1撮盐
3根胡萝卜，磨碎
1小把核桃，粗粗切下

奶油奶酪糖霜
135克糖粉
85克无盐黄油，软化
⅓杯（80克）奶油奶酪
1茶匙香草精

12个

将葡萄干浸在血橙汁、君度酒的混合液里，放入冰箱冷藏一夜。

烤箱开风机预热至180℃。在12孔硅胶椭圆费南雪模子或者费南雪不粘模内侧涂上油。

把黄糖、油、蜂蜜、鸡蛋和香草籽放在大碗里。在另一个大碗里筛入姜粉、面粉、泡打粉、苏打粉和盐。把黄油鸡蛋糊加入粉类混合物里，混合均匀。加入胡萝卜和葡萄干，拌匀。

将蛋糕糊倒入准备好的模子或者烤盘里，每份倒至3/4满。烤45~55分钟，至牙签插进蛋糕中央取出时上面干净无附着物。将蛋糕脱模放在架子上冷却。

将制作糖霜的所有材料混合，用厨师机搅打10分钟左右至光亮蓬松。
把糖霜抹在冷却的蛋糕上面，撒上碎核桃，淋一些蜂蜜即可。

STAUB

如果你买不到波森莓，就用多一些的黑莓或者黑加仑替代。如果你买不到新鲜的浆果，那干脆就用冷冻的（跳过炖煮的环节，直接把冻浆果、糖以及香草放在一个盘子里）。尽量用天然香草精而不要用人工香精，因为人工香精做出来的东西口味的确差很多。我一般会把糖衣杏仁放在冰箱冷冻室里冻硬，但是你也可以就放在料理台上放凉，虽然这会多花一些时间，但是效果是相同的。

杂莓杏仁酥 Boysenberry, blackberry and ALMOND PRALINE CRUMBLE

2篓225克的黑莓
1篓170克的波森莓
¼杯（55克）细砂糖
1茶匙香草精
冰激凌

香脆酥顶
50克脱皮杏仁
150克细砂糖
125克全麦面粉
115克冷藏过的无盐黄油，切块
2茶匙黄糖

4人份

烤箱开风机预热至200℃。

将所有浆果、半杯（125毫升）水和细砂糖一起放入中号炖锅里，煮大约10分钟至浆果变软，加入香草精轻轻搅拌均匀。将浆果倒入4杯（1升）容量的烤盘里（我用的是17.5厘米×12.5厘米×5.5厘米的），放置一边待用。

制作香脆酥顶。把杏仁放入烤箱里烤7~10分钟至杏仁微金黄色，小心不要烤过了（要在一边看着，因为它们瞬间就会被烤过头）。同时，选一个可以放入冰箱冷冻室的烤盘或者是盘子，铺上烘焙油纸，放在一边待用。

在小号厚底炖锅里放入半杯（110克）细砂糖和2汤匙水，用中低火煮5~10分钟至糖开始溶解。开大火滚开后再加热10~12分钟，期间不要搅动，可以不时转动一下锅直至液体开始变成浅金棕色。当糖浆变成金棕色且开始起泡的时候，加入烤过的杏仁，转动锅使杏仁均匀地裹上糖浆。然后迅速小心地将锅里的杏仁倒入准备好的烤盘或者盘子里，用铲刀或者刮刀把它们均匀地抹开。放入冰箱冷冻10分钟至像石头那样硬，然后放进食品处理机或搅拌机打成中等粗细的颗粒。

将面粉放入碗里，加入黄油，用指尖把它们搓成细面包屑状。加入剩下的¼杯（55克）细砂糖和一半的糖衣杏仁，拌匀。

把香脆酥顶撒在浆果上，另加一两勺的糖衣杏仁碎，撒上黄糖。烤30~40分钟至浆果糊沸腾且酥顶变成金棕色，从烤箱中取出。撒上剩余的杏仁碎，趁热和冰淇凌一起上桌。

这款派的配方出现在我2011年3月的博客里，反响和回应非常热烈，我觉得我应该把它写进书里。如果你买不到新鲜的蓝莓，可以用冷冻的（只是少煮一会儿，6~7分钟即可）。这里给出一个铺垫烤盘的小窍门：先把烘焙油纸揉皱了再展平，这样就更加好操作了。

Apple, ginger and BLUEBERRY SHORTCRUST PIE

姜味蓝莓苹果派

8人份

5个烹饪用苹果
100克细砂糖
1撮姜粉
1个柠檬的柠檬皮碎和柠檬汁
2篓150克的蓝莓
8～10片生姜坚果曲奇，碾碎
1个散养蛋加1汤匙牛奶混合
鲜奶油，佐食用

派皮

1⅓杯（100克）自发粉
160克普通面粉
1撮细盐
125克冷藏过的无盐黄油，切成小丁

烤箱开风机预热至180℃。

先制作派皮。将面粉和盐筛入冷藏过的碗，加入黄油，用指尖将黄油与面粉捻搓成混合物。捻的时候手尽量离开碗，这样手温不会影响混合物温度，黄油才不会加温，出来的混合物才不会变黏。捻搓至混合物似面包糠状即可。在中央挖一个坑，加入1汤匙的冷水，先用冷藏过的餐刀然后再用指尖轻轻将水与粉混合均匀，直到面团不再粘碗壁。把面团取出放在撒了面粉的料理台上，轻轻地揉光滑。压成饼状，包保鲜膜放入冰箱醒发30分钟。

同时，把苹果去皮去核，切成1厘米厚的片。把它们放在中号炖锅里，加1杯（250毫升）水和细砂糖、姜粉、柠檬皮碎。煮开，然后转中火熬煮15分钟。加入一半的蓝莓，续煮10分钟。关火冷却。将果肉部分过滤出放在一边，将果汁部分重新倒在小炖锅里。

在一个22厘米直径的活底蛋糕模的底部和内壁抹上黄油。把面团从冰箱里取出，擀成5毫米厚的派皮。取面皮的3/4入模，应使面皮稍超出模子边缘以防止烤的时候派皮回缩。派皮上垫上烘焙油纸，压上烘焙豆或者米。放入烤箱烤10~15分钟至派皮变成浅金色，取出，拿掉油纸和烘焙豆。稍加冷却后，在派底上撒一层曲奇碎，然后加入苹果和蓝莓混合馅。顶部撒上剩下的蓝莓。

从剩下的面皮上切出4~5条21厘米×2.5厘米的条，排列在派上，留出1厘米的间隔。另外再切4~5条，转90° 排在派上形成十字格花纹。把顶部派皮与模具边缘留出的派皮捏紧，顶部刷上蛋液。

把派放入烤箱烤50分钟直到派皮变成金黄色。烤派的同时，在小煎锅里留出的果汁里加入柠檬汁，煮15~20分钟至浓稠且液体减少一半，放凉。

把派趁热同蓝莓苹果糖浆和鲜奶油一同上桌。

这款蛋糕在我2011年的博客里贴过。为了让它更好吃，我对配方稍稍作了调整。为了做出漂亮的巧克力片，要事先把整块巧克力放入冰箱完全冻硬，然后用一把大尖刀顺着巧克力块边缘刮下来形成漂亮的刨片。装饰蛋糕的漂亮的小旗子是美丽的Nikole Herriot送我的礼物，她是美食博客圈最友好的女人之一（可以在herriottgrace.com里找到她的餐点）。

No. 282

Katie's CHOCOLATE FUDGE cake

凯式巧克力奶糖蛋糕

8～10人份

6个散养鸡蛋
1杯（220克）细砂糖
350克优质黑巧克力，200克弄成小碎片，剩下的放在冰箱里
半杯（75克）普通面粉，过筛
4大匙可可粉，过筛

咖啡巧克力黄油奶油夹层
300克无盐黄油，软化
155克糖霜，过筛
170克优质黑巧克力
1茶匙香草精
1大匙事先冲好的浓速溶咖啡

烤箱开风机预热至180℃。给两个20厘米直径的活底蛋糕模抹油并且垫上烘焙油纸。

用厨师机中速搅打鸡蛋5分钟直至蛋液变白起泡。加入细砂糖，继续搅打至变厚变白。同时取一只小炖锅，加热水保持在微微沸腾状态。把巧克力放入耐热碗，架在锅子上隔水融化，不时地搅动一下。

用一个大的金属勺子将面粉和可可粉轻轻切拌进鸡蛋液里，再加入融化的巧克力，拌匀。将蛋糕糊倒入蛋糕模子里，烤大约20分钟（烤至插入烧烤叉拔出，叉上干净无附着物为止）。将蛋糕从烤箱中取出冷却，然后脱模放在架子上彻底冷却。

再来做黄油奶油。将黄油和糖霜一起打发至光亮顺滑。同时，取一只小炖锅，加入水，保持微微沸腾，隔水加热巧克力至融化（巧克力应放在一只刚好适合放在锅上且不会碰到水的耐热小碗里，不时搅拌一下）。移开巧克力糊，加入香草精和咖啡混合均匀。开始会有些结块，但是不要担心。再把巧克力糊加入打发的黄油中，轻轻打发至顺滑光亮。

将蛋糕的顶部修整平，这样蛋糕完成后才能平整。用刮刀在第一层蛋糕体上放一团黄油奶油，向边缘方向抹平。把第二个蛋糕架上、顶部和侧边都抹上黄油奶油，抹平。用尖刀小心地从冻硬的巧克力上刮下巧克力刨片，撒在蛋糕上即可。

EASY chocolate cake
快手巧克力蛋糕

这款配方是我刚开始和我丈夫Mick约会的时候他给我的，
它就写在他记录多年来旅行中积累的配方以及家族祖传菜谱的小黑本子里。
这个食谱来自于他妈妈，是几乎零失败的一款点心。蛋糕体真的非常湿润美味，
就这样配着鲜奶油吃或者加入新鲜树莓都很可口。
如果你想用它来讨好小朋友们，可以用2大匙牛奶代替榛子酒。

6个小手指饼干，碾碎
300克优质黑巧克力，弄碎成小片
150克无盐黄油，软化
¾杯（165克）细砂糖
4个散养鸡蛋
1¼杯（155克）杏仁粉
150克马斯卡彭奶酪
3汤匙榛子酒
糖粉，巧克力碎和高浓鲜奶油，佐食用

8～10人份

烤箱开风机预热至180℃。将一个直径为22厘米的活底蛋糕模内里涂油并垫上油纸。撒1大匙手指饼干的碎屑，覆盖住模子的底部。

将一小炖锅水保持在低沸状态，然后隔水融化巧克力，不时地搅拌一下。小心地将融化后的巧克力从火上移开，放凉待用。

用手持搅拌器将黄油和糖打至乳化，一次只打入1个鸡蛋，每加入1个鸡蛋就迅速搅打均匀。注意如果这个阶段液体呈现炒蛋的状态，不要惊慌。加入剩下的手指饼干碎、杏仁粉、融化的巧克力、马斯卡彭和榛子酒，混合均匀。

将蛋糕糊倒入准备好的模子，放入烤箱烤55~65分钟直至蛋糕顶端有脆感，边缘变硬（将一根牙签插进蛋糕体中心，拔出时干净无残留物即可）。注意不要烤太过，蛋糕的中心应该保持稍微湿润的状态。

在切开享用之前，在冷却的蛋糕上均匀地筛上糖粉，撒上巧克力碎，最后佐1勺鲜奶油一起吃。

这款冰沙的灵感来自于2011年纽约的一趟旅行。在那时候的一次晚饭中，我见到了我的朋友Melina Hammer。Melina是我建立“凯式食谱”的博客之后第一个和我因此建立起联系的朋友。她非常支持我，我也非常感慨我们可以一直保持联系。无论什么时候我到了她的地盘，我们都会聚在一起喝一杯，吃个晚餐。去年，Melina给了我一些她从当地的一家精品甜品店带来的糖果——分别是西瓜味、辣味和海盐的，当时我就觉得这个组合可以用来做一道绝妙的甜点。冰沙做好后，可以在冰箱冷冻室保存3天。

Watermelon, SALT and chilli granita

海盐辛味西瓜冰沙

4人份

750克无籽西瓜，去皮，粗粗切一下
1汤匙青柠汁
¼茶匙细盐
¼茶匙干辣椒碎，再另外取一些备用

将所有的材料放入食品处理机打至顺滑。

取一个至少4厘米深且可以放在冰箱冷冻室里的烤盘。将西瓜浆过滤后倒入烤盘，使劲按压以便得到尽可能多的浆汁。将残渣摒弃不用。

将烤盘小心地放入冰箱冷冻室冷冻4个小时。取出，用叉子刮出蓬松的冰沙后就可以享用啦。

COLD DRINKS
ICE CREAMS

Thank You!

致谢

写这本书，对我来说自始至终都是一段奇妙的经历：我所走出的每一步，都让我获益良多。我首先要感谢的，毫无疑问就是我的丈夫，也是我最好的朋友，Mick。没有他，我不可能按照我的方式来经营这个博客，也不可能用这样短的时间完成这本书的写作和拍摄。他给予我他的耐心，奉上几乎所有的空闲时间以及无穷尽的有时甚至是不可思议的支持。 Mick为这本书作出了巨大的贡献，“周末帮忙做清洗工作以及当老婆（又）忘记买面粉的时候无数次往返于超市和家之间”。如果是个奥运会项目，他一定能得个世界冠军。（也能得澳洲的最佳好帮手大奖！）我永远爱你，并且，非常，非常感谢你！

如果没有伟大的Julie Gibbs，就不会有《凯蒂的餐桌》这本书。谢谢你，Julie，谢谢你发掘出了博客出书的可能性并且给了我这个机会。你所做的一切给了我很大的鼓舞，你的鼎力相助也使我获益良多。作为一个顽固又骄傲的爱尔兰完美主义者（你简直太了解我了），我感谢你总是处处提醒我，也谢谢你总是在我们的聚会的时候带上你可爱淘气的宝贝们。

Virginia Birch， 我勤勉体贴的编辑，你我一同携手走过这一程，在我因外出工作和日常压力几乎要自爆的时候，你从未让我感觉到压力。谢谢指出所有只有最优秀的编辑才能发现的细微细节处的不妥。和你一起合作非常享受。Katrina O’Brien，感谢你，我的归纳整理女神，在整个过程中无论出现什么问题，你总是能及时帮助解决。设计师Emily O’Neill，谢谢你在工作上所有的不懈努力，还帮我一直对付那个顽固的总是说“我已经做这行12年了！”的前设计师。必须给我机会请你喝一杯！同时也感谢“企鹅”设计团队在后期设计制作上的倾情协助。

澳大利亚和美国的企鹅出版社的所有同仁们，我从来没有奢望过能够同像你们一样出色的出版商合作来完成我的第一部烹饪书。和你们合作是我的荣幸。感谢英国的Harper Collins和法国的Hachette Livre承接了这本书的海外发行工作。

Colm Halloran是我一个非常好的朋友。Colm，你总是那么相信我，支持我，最重要的是，这么多年来一直做我的密友。我会永远感激你对我无条件的支持和友爱。举起罗西啤酒干杯！我的好友，美丽的Siobhan，对你的富有创造性的指导我非常感谢。Madelein Mouton，我最棒的助理，还和我分享了你祖母的柠檬汁配方。最棒的唯一的Georgie，感谢你提供的道具支持， 和对我总是忘记归还你的餐巾所表现出的超凡耐心。和你一起工作非常有趣，我超级欣赏你悠闲放松的工作态度，和你这样棒的人一起工作，菜谱的撰写、准备、造型和拍摄都变得没那么紧张了。我还要对Alan Benson说“谢谢”，你是我见过的最有天赋且谦逊的摄影师。Alan，我搬到悉尼以后能遇见你是我的幸运，对你所提供的慷慨帮助我会铭记在心。

谢谢所有在过去的两年中帮助我支持我的朋友们。也许你们不会意识到，无论任何时候你们问我“你的书进展得如何了？”的时候都是在和我分享这段历程。看似简单的问话，却关怀备至。谢谢所有在书中跟我分享他们菜谱的人们： Bob和Sheila Davies，悉尼love . fish餐厅的Michael和Michelle，还有布里斯班的Jill提供的绝妙素食食谱。这里要特别感谢Mark Boyle，最初鼓励我创立博客的人，没有你的坚持，所有这一切都没可能实现。我还要感谢Peta Dent，她一直帮助我试做各种配方，你的投入、你给予的建议是无价的。

最重要的是，感谢我的博客“凯蒂吃什么”的所有粉丝一直以来坚持不懈的支持。没有你们，也就没有这本书。我从心底感谢你们陪伴我并且时刻提醒我，你们总是在世界的各个地方支持着我，翘首期盼着我的下一篇博文（并且总是能够在我说还需要再等一段时间才能更新的时候表现出超乎我想象的耐心！）。我希望你们都能够喜欢这本书。

A

B

C

D

E

F

G

H

T

V

W

Y

图书在版编目(CIP)数据

凯蒂的食谱及其饮食生活的点点滴滴／（澳）戴维斯(Davies,K.Q.)著；陈珊珊译．—杭州：浙江科学技术出版社，2016.7

ISBN 978-7-5341-7043-0

Ⅰ.①凯… Ⅱ.①戴… ②陈… Ⅲ.①食谱 Ⅳ.①TS972.12

中国版本图书馆CIP数据核字（2016）第034416号

著作权合同登记号 图字：11－2015－346号

原书名：What Katie Ate: Recipes and other Bits ＆ Bobs

摄影师的餐桌：

凯蒂的食谱及其饮食生活的点点滴滴

责任编辑：王巧玲　　特约美编：王道琴
责任校对：张　宁　　封面设计：段　瑶
责任印务：徐忠雷　　选题策划：李琳琳

出版发行：浙江科学技术出版社
地址：杭州市体育场路347号
邮政编码：310006
联系电话：0571-85058048
制　　作：日知图书（www.rzbook.com）
印　　刷：北京艺堂印刷有限公司
经　　销：全国各地新华书店
开　　本：889×1194　1/16
字　　数：350千
印　　张：19.5
版　　次：2016年7月第1版
印　　次：2016年7月第1次印刷
书　　号：ISBN 978-7-5341-7043-0
定　　价：158.00元

20